零基礎OK!
動畫藝術家 長砂ヒロ的
電繪入門課
用畫筆記錄日常中的美麗色彩

(PS / CSP / Procreate 皆適用)

ゴキンジョ
長砂ヒロ

感謝您購買旗標書，
記得到旗標網站
www.flag.com.tw
更多的加值內容等著您…

● FB 官方粉絲專頁：旗標知識講堂

● 旗標「線上購買」專區：不用出門就可選購旗標書！

● 如您對本書內容有不明瞭或建議改進之處，請連上旗標網站，點選首頁的 聯絡我們 專區。

若需線上即時詢問問題，可至旗標官方粉絲專頁留言詢問，小編客服隨時待命，盡速回覆。

若是寄信聯絡旗標客服 email，我們收到您的訊息之後，將由專業客服人員為您解答。

我們所提供的售後服務範圍僅限於書籍本身或內容表達不清楚的地方，至於軟硬體的問題，請直接連絡廠商。

學生團體	訂購專線：(02)2396-3257 轉 362
	傳真專線：(02)2321-2545
經銷商	服務專線：(02)2396-3257 轉 331
	將派專人拜訪
	傳真專線：(02)2321-2545

國家圖書館出版品預行編目資料

零基礎 OK! 動畫藝術家長砂ヒロ的電繪入門課：用畫筆記錄日常中的美麗色彩（PS／CSP／Procreate 皆適用）
／長砂ヒロ作；謝蘭鎂譯 .. --

臺北市：旗標科技股份有限公司，2025.03　面；　公分

ISBN 978-986-312-825-0（平裝）

1.CST: 電腦繪圖 2.CST: 繪畫技法

312.86　　　　　　　　　　　　　　114000663

作　　　者／長砂ヒロ
翻譯著作人／旗標科技股份有限公司
發　行　所／旗標科技股份有限公司
台北市杭州南路一段 15-1 號 19 樓
電　　　話／(02)2396-3257 (代表號)
傳　　　真／(02)2321-2545
劃撥帳號／1332727-9
帳　　　戶／旗標科技股份有限公司
監　　　督／陳彥發
執行企劃／蘇曉琪
執行編輯／蘇曉琪
美術編輯／陳慧如
封面設計／陳慧如
校　　　對／蘇曉琪

新台幣售價：580 元
西元 2025 年 3 月 初版

行政院新聞局核准登記 - 局版台業字第 4512 號
ISBN　978-986-312-825-0

DIGITAL SKETCH NYUMON　— HIKARI TO IRO DE SEIKATSU O EGAKU —
by Gokinjyo Hiro Nagasuna
Copyright © 2024 Gokinjyo Hiro Nagasuna
All rights reserved.
Original Japanese edition published by
Gijutsu-Hyoron Co., Ltd., Tokyo

This Traditional Chinese edition is published
by arrangement with Gijutsu-Hyoron Co., Ltd.,
Tokyo in care of Tuttle-Mori Agency, Inc., Tokyo

本著作未經授權不得將全部或局部內容以任何形式重製、轉載、變更、散佈或以其他任何形式、基於任何目的加以利用。

本書內容中所提及的公司名稱及產品名稱及引用之商標或網頁，均為其所屬公司所有，特此聲明。

序

寫給「想畫但是畫不出來」的人

這是一本關於「繪畫技法」的書。如果快速翻閱這本書，應該會發現書中搭配了許多圖片來解說，如果是「想學繪畫技法的人」，這應該是一本很容易閱讀的書。

但是，也有很多人是另一種情況，比方說：
「雖然『很想畫畫』，卻因為各種原因而『畫不出來』的人」。

「畫不出來」的原因或許每個人都不同，共通點是雖然想試著畫畫看，但無法將這個念頭化為實際行動，可能是因為環境或狀況不允許。我能體會那種明明想要畫畫，卻無法好好地控制雙手畫出想要的東西，內心焦躁又不甘心，甚至想哭的感覺。
我希望這樣的人能來看看這本書。

想要學習繪畫技法的人，只要看了這本書，我想一定會有所成長。只要搞懂了某個技法或知識，以後無論怎麼用它都不會消失，只會不斷地累積。請持續學習，或許有一天你也會和其他繪畫職人一起工作。這是有可能發生的，那樣一定很棒吧。

另一方面，對於想要畫卻無法畫的人來說，他或許已經放棄了這種可能性。但是，也許這本書能為這些人帶來一點希望。當我想到這點，我就開始思考該怎麼做才能讓這些人也來看看這本書。所以我想至少在序文中明確地寫出來，這是一本很適合「想畫但是畫不出來的人」的書。

如果光靠我一個人，把技法或知識傳授給他人的機會有限。但是，如果能像這樣把知識整理成書或是作品的形式，總有一天可能會被某個人拿起來閱讀，那麼我製作這本書就有了意義。每個人都希望變得比現在更好，如果我能將自己所知的技法與知識傳授給他人，以此做出貢獻，我想我持續研究繪畫這件事也會變得很有意義。

希望這本書能幫助你提升繪畫技法、學會發現日常生活中的細微美好事物，並且在生活上也能帶來助益。

感謝你拿起這本書並讀到這裡。願這本書陪你共創美好的未來。

Contents

序 …………………………………………………………………… 003
免責聲明・注意事項 ……………………………………………… 008

Introduction

使用數位工具
～本來不會畫的東西，現在畫得出來了！……………………… 009

基本的數位繪圖工具 …………………………………………… 010
用「電腦」畫畫的工具
用「平板」直接畫畫的工具

理解繪圖工具的用法 …………………………………………… 011
主流繪圖軟體都會具備的繪圖功能
① 圖層 ………………………………………………………… 012
會用「圖層」就能改變世界
「圖層」可以做到的事

② 遮色片 ……………………………………………………… 014
「遮色片」表示「遮住東西」
活用遮色片「調整色彩」非常簡單

③ 剪裁遮色片 ………………………………………………… 016
可預防上色超出範圍的剪裁遮色片

④ 筆刷 ………………………………………………………… 017
筆刷的差異在邊緣
漸層的畫法有 2 種

⑤ 混合模式 …………………………………………………… 020
混合模式的使用方法
把「亮光」和「陰影」劃分在不同的圖層來思考
用筆刷擦除遮色片的畫法
建議使用 HSB 滑桿來選取顏色

Chapter 1

描繪生活中的事物
～冰箱裡常見的檸檬 ········· 026

觀察主體所在的環境 ········· 028
試著畫畫看吧 ········· 029
Column 1　總之就試著畫畫看吧！ ········· 037
Column 2　用疊加筆觸的方式畫檸檬的漸層色 ········· 040

Chapter 2

白色的東西不用白色來畫
～描繪白色的陶器 ········· 044

觀察主體所在的環境 ········· 046
試著畫畫看吧 ········· 047
Column 3　上色之前先觀察明度 ········· 055

Chapter 3

「暖色」和「冷色」的關係
～用2種不同顏色的葡萄來比較。以相對方式判斷顏色 ········· 060

觀察主體所在的環境 ········· 062
試著畫畫看吧 ········· 063
Column 4　溫暖、寒冷的「色溫」 ········· 072

Chapter 4

最亮點的秘密
～用生雞蛋觀察光源的鏡面反射 ·················· 076

觀察主體所在的環境 ·················· 078
試著畫畫看吧 ·················· 079
Column 5　會畫最亮點＝能夠理解明度的差異 ·················· 087
Column 6　理解明、暗的意涵 ·················· 088

Chapter 5

固有色和光源色
～顏色多的東西不太好畫 ·················· 090

觀察主體所在的環境 ·················· 092
試著畫畫看吧 ·················· 093
Column 7　人們看到顏色時有什麼感覺？ ·················· 100

Chapter 6

光的透射（次表面散射）
～畫出透亮感可營造生動鮮活的感覺 ·················· 106

觀察主體所在的環境 ·················· 108
試著畫畫看吧 ·················· 109
Column 8　透光時的彩度看起來比較高 ·················· 119

Chapter 7

畫花。把「生活」融入畫作
～花朵插在花瓶中和放在杯子裡的差別 ... 124

觀察主體所在的環境 ... 126
試著畫畫看吧 ... 127
Column 9　面對失敗這件事 ... 138

Chapter 8

描繪「看不見的事物」、時間的流逝
～讓人們感受到看不見的事物 ... 142

觀察主體所在的環境 ... 144
試著畫畫看吧 ... 145
Column 10　表現「空氣感」 ... 155

結語 ... 158

Gallery 作品展示 ... 161

免責聲明・注意事項

購買與使用本書之前，請務必閱讀

關於本書的內容

本書會使用數位繪圖工具來解說繪畫技法，因此讀者需要自行準備好相關設備或軟體。本書在解說繪圖技法時，使用的軟體主要是「Adobe Photoshop 2025」，如果你使用的繪圖軟體具備和 Photoshop 類似的圖層和遮色片功能，也可以搭配本書練習。

本書所刊載的資訊最後更新時間是 2025 年 3 月，隨著軟體不斷升級，若你使用新版，功能和畫面可能會與本書的說明有所差異。另外，本書提供的畫面截圖都是在基於特定設定的環境中重現的示意圖。

本書所刊載的內容僅以提供資訊為目的，而關於素描和繪畫的示範皆為作者自己的解釋和見解，請讀者自行判斷和活用。若你因為使用本書而導致任何後果，出版社以及作者概不負責。此外，對於超出本書內容的個別繪圖諮詢也概不處理，請見諒。

附錄檔案與示範影片

- 本書中所刊載的部分資料以及各章練習用的照片檔案，可透過以下的網址下載。

https://www.flag.com.tw/DL.asp?F5570

在使用檔案之前，請務必閱讀其中包含的「使用檔案前請先閱讀 .txt」。

- 本書中的部份範例有同步提供示範影片，請掃描書上的 QR 碼，即可看到繪製過程的影片。觀看影片是免費的，但是必須要透過網路觀賞。

- 請讀者務必根據自身的責任和判斷來運用本書的下載檔案。若使用這些檔案而產生任何直接或間接損害，出版社、作者以及參與檔案製作的個人與企業概不負責。

- 本書的下載檔案僅供已購買本書的讀者，基於個人目的自由運用。請注意，若使用在以下用途，可能會面臨法律責任。

✕ 用於包裝設計和海報等宣傳物
✕ 將檔案以營利為目的自行印刷或販售
✕ 用於象徵特定企業商品或服務的形象
✕ 將檔案用於違反公序良俗的用途

請先同意上述的注意事項之後再使用本書。若你在尚未閱讀這些注意事項的情況下來信諮詢，出版社或作者概不處理，請見諒。
本書中所提及的商品名稱、公司名稱、作品名稱，均為各公司的商標或註冊商標。本書中將會省略標示 ™、® 等標誌。

Introduction

使用數位工具

～本來不會畫的東西，現在畫得出來了！

本書會帶著你使用數位繪圖工具來作畫。
數位繪圖工具是一種「可以縮小能力差距的工具」。
以前用實體畫材很難畫出來的東西，
如果是用數位繪圖工具，會比較容易畫出來。
因此，以下會先介紹本書所使用的數位繪圖工具與基本功能。

基本的數位繪圖工具

手繪創作是使用筆和紙等畫材,
電繪/數位繪圖則需要準備以下各種設備。

用「電腦」畫畫的工具

電腦
數位繪圖板
※ 又稱數位板/電繪板
繪圖軟體

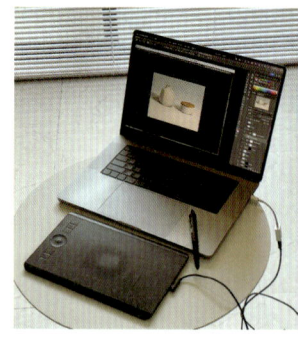

我平常使用的繪圖工具

MacBook Pro 15inch
Wacom Intous Pro Small
Adobe Photoshop

以前我剛開始畫畫的時候,幾乎不太會用平板電腦,我對工具也沒有特別的堅持。

用「平板」直接畫畫的工具

平板電腦
數位筆
繪圖軟體

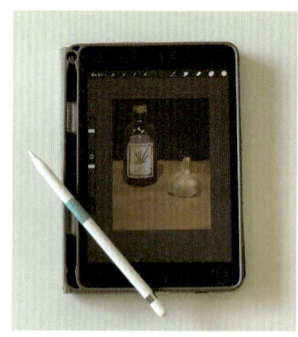

iPad
Apple Pencil
Adobe Photoshop
CLIP STUDIO PAINT
Procreate 等

最近越來越多人會使用 iPad 等平板電腦畫畫,這樣可以直接用數位筆畫在螢幕上。

即使是克難的環境也可以畫畫

如果是剛入門的新手,我認為應該會想知道習慣用電腦繪圖的人是怎麼作畫的,歡迎參考我常用的繪圖工具與設備。有時候臨時想畫畫,但是附近沒有椅子或桌子,這時我會像左圖一樣直接坐在地上,然後把筆記型電腦放在某個物品(紙箱什麼的都可以)上面,再把平板電腦放在我的腿上。即使是這種克難的狀態(?)我也可以畫畫。但是因為這個姿勢維持太久可能會導致腳麻或是腰痛,所以建議大家依照各種情況自行設置,盡量還是以能夠舒適地畫畫為主。

理解繪圖工具的用法

理解繪圖軟體中的工具用法，與提升作畫能力有密切的關係。
如果不了解壓克力顏料的乾燥速度，就無法完美地畫出漸層色；使用繪圖軟體也是一樣，如果你無法理解軟體中的「繪圖工具」要怎麼用，就無法畫出想要的圖。

主流繪圖軟體都會具備的繪圖功能

市面上有各式各樣的數位繪圖軟體，比較多人使用的是以下 3 款。
本書是以我平常使用的工具為主來進行示範和解說，雖然我用的軟體是 Adobe Photoshop，但是在其他繪圖軟體中也都有類似的功能，操作思路是相同的。

Adobe Photoshop ※有 PC／平板版本
CLIP STUDIO PAINT ※有 PC／平板版本
Procreate ※只有 iPad 版本

雖然不同軟體之間有細微的差異，但基本上用來畫圖的功能大致是相同的。
雖然在本書中我是用 Photoshop 示範，但**基本上我所用到的都是在其他軟體中也有的功能**。如果因為軟體差異而可能有不同的操作，則我會另行說明。以下就是這幾套繪圖軟體的共通工具，在此先簡略介紹功能與用法，之後會在本書各章中持續練習。如果想要快速搞懂，最好的方法就是一邊操作邊確認。

① 圖層 ……………………〈P.12〉

② 遮色片 …………………〈P.14〉

③ 剪裁遮色片 ……………〈P.16〉

④ 筆刷 ……………………〈P.17〉

⑤ 混合模式 ………………〈P.20〉

理解繪圖工具的用法

① 圖層

會用「圖層」就能改變世界

我認為數位繪圖工具最大的特點就是**「圖層功能」**。「圖層」就像是**「透明的紙張」**，想像你在多張透明紙張上畫畫，最後將它們重疊，就能讓分別繪製的圖彼此疊加在一起，創造出複雜的表現。

此外，我覺得手繪和數位繪圖最大的區別，就是數位繪圖具備這種「圖層」功能，可以讓我們**「邊畫邊調整」**，已經畫上去的每個東西，還是可以調整位置和大小，而不像顏料一樣**「畫下去就很難修改」**。數位繪圖工具可以幫我們排除手繪時「無法重畫」、「難以預測結果」等**畫圖的障礙**。

只要使用圖層功能，可以反覆編輯已經畫好的圖，所以即使是初學者也能畫出更複雜的畫作。

「糟糕，蘋果的顏色太亮，看起來好像橘色」

利用圖層功能，即可一邊畫一邊調整顏色

「圖層」可以做到的事

在不同的透明紙張上各自畫著不同的東西，
再將它們疊在一起，組成一幅畫。這就是「圖層」。

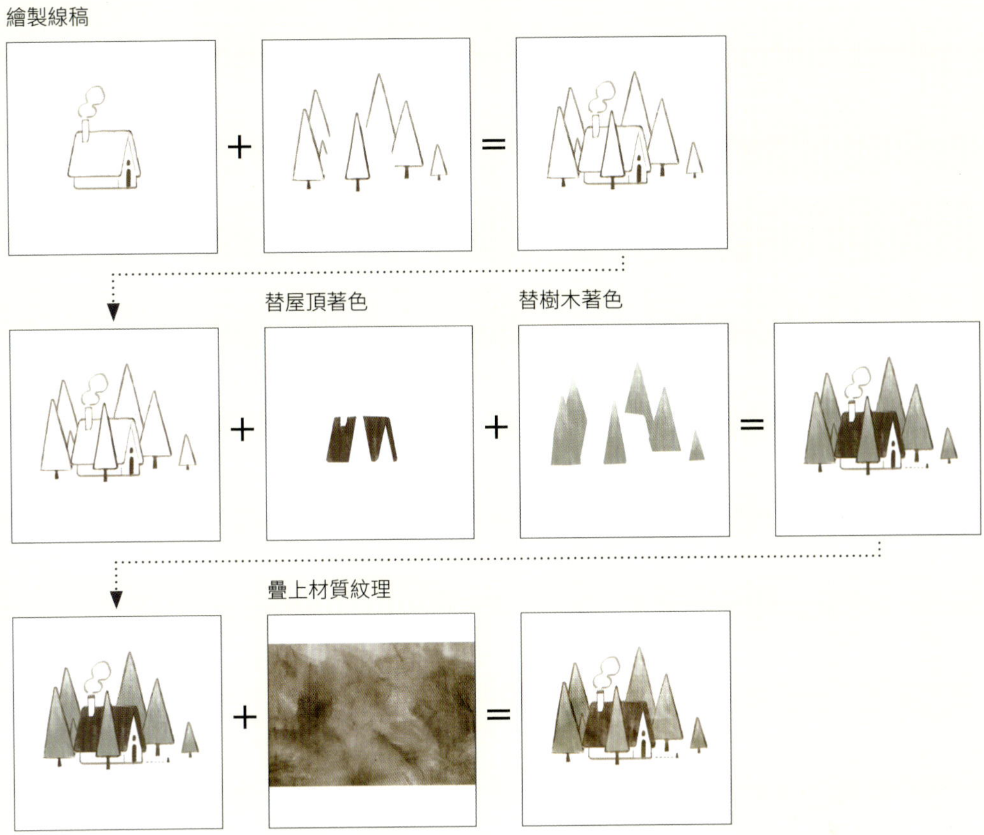

繪製線稿
+
=
替屋頂著色
替樹木著色
+
+
=
疊上材質紋理
+
=

完成

紋理
線稿
樹木
屋頂
圖層 0

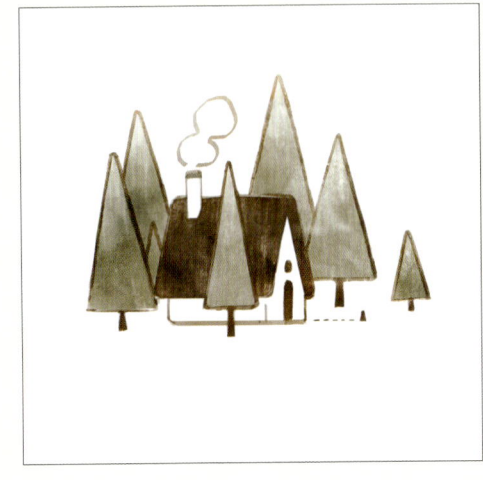

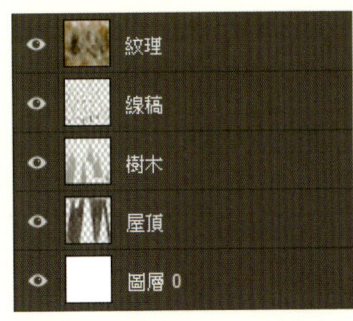

繪圖軟體（Photoshop）中的圖層結構

理解繪圖工具的用法

② 遮色片

「遮色片」表示「遮住東西」

「遮色片」的功能就是**把底下的東西「遮住」**。

你小時候有沒有試過，把彩色的紙張用蠟筆全部塗黑，然後用細針之類的尖銳物在黑色部分刻劃，露出彩色的線條？

圖層遮色片也是類似的概念。將遮色片塗成黑色就可以遮住下面的圖層，然後**「用筆刷擦除」圖層遮色片**，即可讓下面被遮住的圖層顯露出來。

如果是傳統的手繪，當你把顏色塗在紙上，之後要修改會非常耗時；但是如果使用圖層遮色片，我們就可以很輕鬆地一邊看畫面一邊做調整。

所以說，同樣是要畫畫（素描），使用數位工具會比傳統手繪更容易。

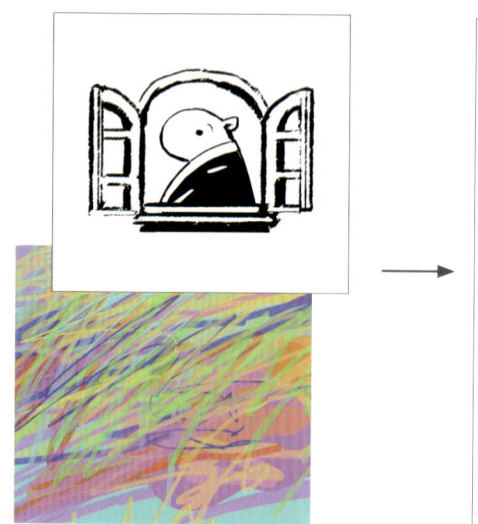

在遮色片上用筆刷擦除的地方，會顯露下層的顏色

活用遮色片「調整色彩」非常簡單

如果搭配「圖層遮色片」使用,「調整色彩」就會變得非常簡單。
本書中所介紹的繪圖方法通常一定會用到「圖層遮色片」。
你一開始可能會感到困惑,但它真的是一個非常好用的工具。
原本不擅長使用顏色的人,現在可以「一邊看圖片一邊改顏色」,
就能更巧妙地使用顏色。

Photoshop 中的圖層遮色片

在上方圖層遮色片中擦除的圖案,就會露出下方的圖層(彩色),
這時只要調整下方圖層的顏色,就能輕鬆改變圖案的顏色。

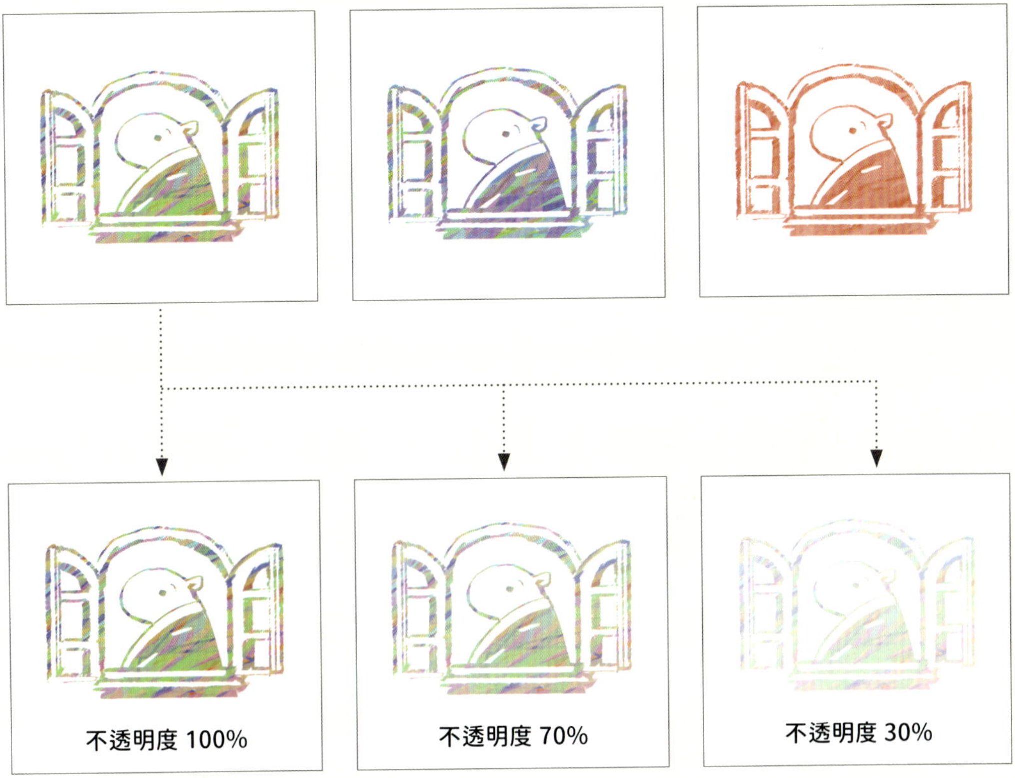

不透明度 100%　　　不透明度 70%　　　不透明度 30%

利用不同程度的不透明度來擦除,
即可調整下方圖層的可見度。

理解繪圖工具的用法

③ 剪裁遮色片

可預防上色超出範圍的剪裁遮色片

為了畫出漂亮的畫作，**上色時盡量不要超出範圍**，這個技法很重要。我在用顏料作畫時，會在畫紙上仔細地貼紙膠帶，保護不想塗到顏色的地方。而在數位繪圖時，也可以做到類似的事，只要**使用「剪裁遮色片」功能**，就能保護不想塗到顏色的地方，預防上色時超出範圍。

在畫好圖案之後，只要設定成剪裁遮色片，即可確保接下來的上色不會超出此圖案的範圍。

剪裁遮色片的示意圖

Photoshop 中的剪裁遮色片符號

理解繪圖工具的用法

④ 筆刷

筆刷的差異在邊緣

數位繪圖都是使用「筆刷工具」來畫畫。

因此，數位繪圖中**「筆刷的差異」**非常重要，使用不同筆刷就會畫出不同的筆觸，會給畫作帶來完全不同的印象，畫法也會有所差異。

筆刷的差異可大致區分為**「柔邊筆刷」**和**「硬邊筆刷」**。「邊緣」是指筆刷輪廓的「軟／模糊」和「硬／銳利」。如果筆刷的邊緣柔軟，畫出來的輪廓就會變得柔和，畫作也容易給人柔和的感覺；反之，如果是用邊緣堅硬的筆刷，畫出來的輪廓就會很清晰銳利，畫作比較容易給人堅實的感覺。

你也可以用本書附贈的筆刷畫畫看，或許可以畫得更有樂趣（參閱 P.8）。

硬邊筆刷的圖例

柔邊筆刷的圖例

漸層的畫法有 2 種

用筆刷就可以畫出漸層色。
描繪漸層可以用以下 2 種方法。

① 調整筆刷的邊緣
② 重疊筆觸

① 用調整筆刷邊緣的方法畫出漸層

「調整邊緣」後擦除遮色片，可以畫出均勻漂亮的漸層

調整邊緣

調整圓形筆刷的邊緣硬度，即可將筆刷變成柔邊筆刷。這裡建議將「硬度」調整為 0～30% 之間。

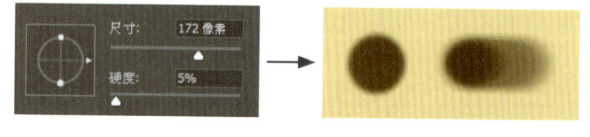

例如下面圖 ②這種充滿手繪感的筆觸，是要花點工夫慢慢堆疊出來的。
下圖的漸層色，是用筆刷以重疊混色的方式畫出來，但這個方法比較難。
難的地方在必須巧妙地調整不同程度的筆壓，這取決於人的肢體靈活度，
需要一些時間來適應。所以有些難度，之後可以慢慢練習。
方法 ① 比較簡單，習慣了再用方法 ②，建議先用方法 ① 來練習。
※ ② 的畫法在 P.40~43 會有更詳細的示範。

②用重疊筆觸的方式來畫出漸層

筆壓
強　　　　　　　　弱

用筆刷堆疊筆觸來混色，營造出充滿手繪感的漸層色（也可以搭配在圖層遮色片上擦除的技法，參閱 P.22）

活用不同邊緣的筆刷來畫

右圖中是用「硬邊」筆刷來描繪主體的輪廓，而受光處的顏色變化則用「柔邊」筆刷來描繪；最亮點（白點）則是用「硬邊」筆刷，營造出立體感。

理解繪圖工具的用法

⑤ 混合模式

混合模式的使用方法

本書在數位繪圖的過程中，經常會使用到圖層內建的「混合模式」功能。我常用的混合模式主要有 4 種，可以發揮每個混合模式的特性來活用。

1 用「正常」模式，以固有色塗抹（平塗）

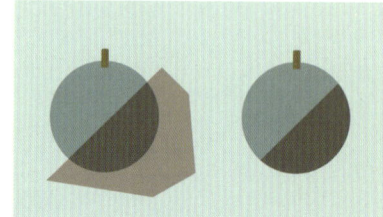

2 用「色彩增值」模式畫上陰影

3 用「覆蓋」模式畫出亮光（受光面）

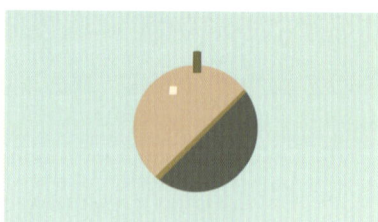

4 用「濾色」模式畫出最亮點

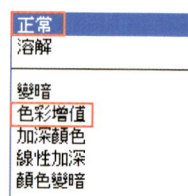

這是 Photoshop 的混合模式選單畫面

我工作中常用的混合模式有上述這些（其他還有許多混合模式），我會在本書中仔細解說上述模式。等到你習慣數位繪圖後，或許會發現其他更適合自己的混合模式。本書所解說的是筆者覺得容易的畫法，但讀者覺得好畫是更重要的，改用讓你自己更順手的模式也沒問題。

把「亮光」和「陰影」劃分在不同的圖層來思考

延續前面對「圖層」的解說，本書中會將一幅畫包含的元素劃分在多個不同的圖層來畫。
大致來說，至少會劃分出「固有色」、「陰影」、「亮光」這 3 種圖層來畫。

固有色

陰影

亮光

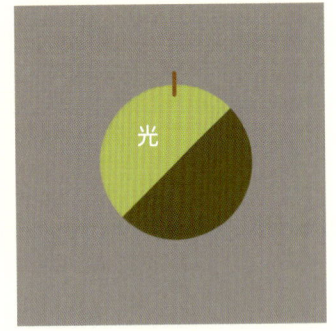

在主體受到光線影響之前，主體原本呈現的中間色稱為固有色。
繪圖時會以固有色為基礎來添加陰影和亮光，所以固有色通常是可暗可亮的顏色、飽和度可高可低的顏色，也就是中間色。
在本書中，固有色基本上都是用「正常」混合模式來畫。

主體上受光線影響而顯得較暗的部分稱為陰影（也稱為暗部）。
在本書中，陰影基本上都是使用「色彩增值」混合模式來畫。

主體上直接受光而變亮的部分稱為亮光（也稱為亮部）。
請注意，光本身也是有顏色的。
因此在本書中，繪製亮光區時，是在固有色上使用「覆蓋」混合模式來描繪受光源色影響的狀態。

對照用實體顏料手繪的圖

對我來說，數位繪畫是「輔助人類學習繪畫的工具」。
想畫出右圖這種傳統手繪圖，只要用「圖層」這種功能來描繪，即使是原本不會畫畫的人，或許也可以在不知不覺中理解「圖的構造」，並把它畫出來。

Introduction 使用數位工具

021

用筆刷擦除遮色片的畫法

本書在描繪**亮光和陰影的漸層**時，
通常會**使用混合模式搭配用筆刷擦除遮色片**的方法。
以下為你說明詳細的步驟，你也可以透過右邊的 QR 碼來觀賞示範影片。

Movie

① 先新增一個圖層，然後填滿任意的顏色。

螢幕上的呈現結果

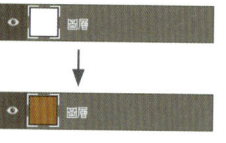

為了方便辨識，我先把「背景」圖層填滿這個綠色。

② 選取步驟 ① 的圖層，替它建立圖層遮色片。

螢幕上的呈現結果

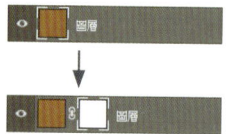

建立圖層遮色片（右側為圖層遮色片圖示）

在 Photoshop 按圖層面板下方的這個圖示，即可建立圖層遮色片。

③ 選取遮色片，將顏色滑桿調整至 100%（黑色的狀態）後填滿黑色。

螢幕上的呈現結果

（當圖層遮色片變成黑色，目前橘色圖層全部被隱藏，露出下面綠色的背景）

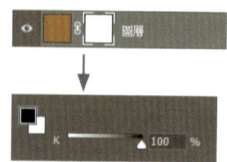

將顏色滑桿調整為 100%

④ 將顏色滑桿調整至 0%（白色），然後用筆刷工具在圖層遮色片上擦除。擦除遮色片的地方會恢復橘色。請調整筆壓來控制濃度，藉此畫出漸層色。

螢幕上的呈現結果

將滑桿調整為 0%

遮色片中會顯示擦除的部分

⑤ 如果想要用更粗的筆刷繪製時，只要變更「尺寸」，就可以畫出如下圖的漸層效果。

畫面上的呈現結果

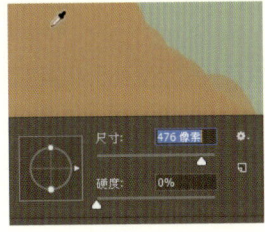
把「尺寸」變大

在 CLIP STUDIO PAINT 中繪製漸層

Photoshop 和 CLIP STUDIO PAINT 是不同的軟體，遮色片的擦除方法稍有不同。
Photoshop 中可以用滴管工具吸取各種顏色，然後畫在圖層遮色片上，換言之，可以使用中間明度來擦除遮色片。

但在 CLIP STUDIO PAINT 中，只能用 0 或 100 明度來擦除，並沒有中間明度。這時就必須透過筆壓的控制，即可用中間明度來擦除遮色片。所以使用筆壓或柔邊筆刷擦除遮色片，會比較容易畫出漸層色。

建議使用 HSB 滑桿來選取顏色

所有繪圖軟體都具備了可以用來選取顏色的「顏色滑桿」功能。其中建議使用標示為「HSB」的滑桿。

H = Hue（色相）
S = Saturation（彩度）
B = Brightness（亮度）

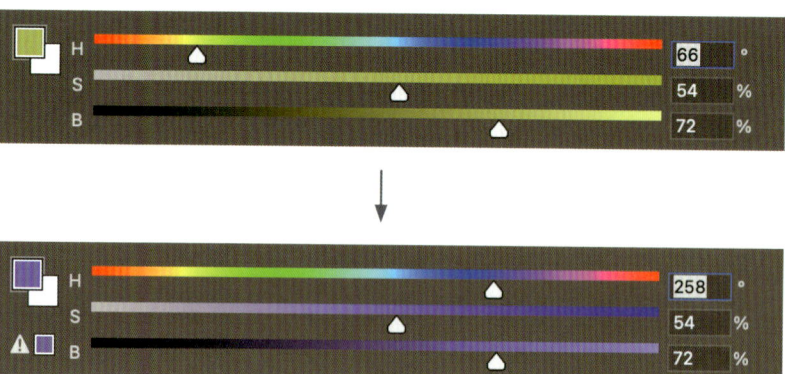

每一條滑桿都可以各別調整。例如：滑動 H 滑桿就會改變顏色。滑動 S、B 滑桿也會改變顏色。

一起來發掘生活中令你心動的瞬間,
接下來就會告訴你方法,跟我一起試著畫下來吧!

Chapter 1

描繪生活中
的事物

冰箱裡常見的檸檬

作為本書第一個要畫的主體,
我選擇的是無論你住哪裡都很容易買到的檸檬。
因為檸檬是最適合練習觀察顏色的物體。

想到要畫檸檬,很多人都會選擇名為「檸檬黃」的「亮黃色」顏料。
既然這個顏色以檸檬為名,我們當然會覺得檸檬就是這個顏色,
畫畫的時候也會因為這種「主觀印象」而直接用亮黃色畫檸檬。

但是,如果你試著拿出一顆真正的檸檬來觀察,
就會發現即使以亮黃色為基調,終究還是會用到各式各樣的顏色。

本章會帶著你練習畫檸檬,看看實際上會用到什麼顏色,
並確認「主觀的顏色」和「實物的顏色」的差異,
這個「固有色」和「光源色」就是上色時必須搞懂的基本概念。
下面就一起來學習用顏色畫畫的基本知識吧!

畫什麼都可以，試著畫一些簡單的東西吧

觀察主體所在的環境

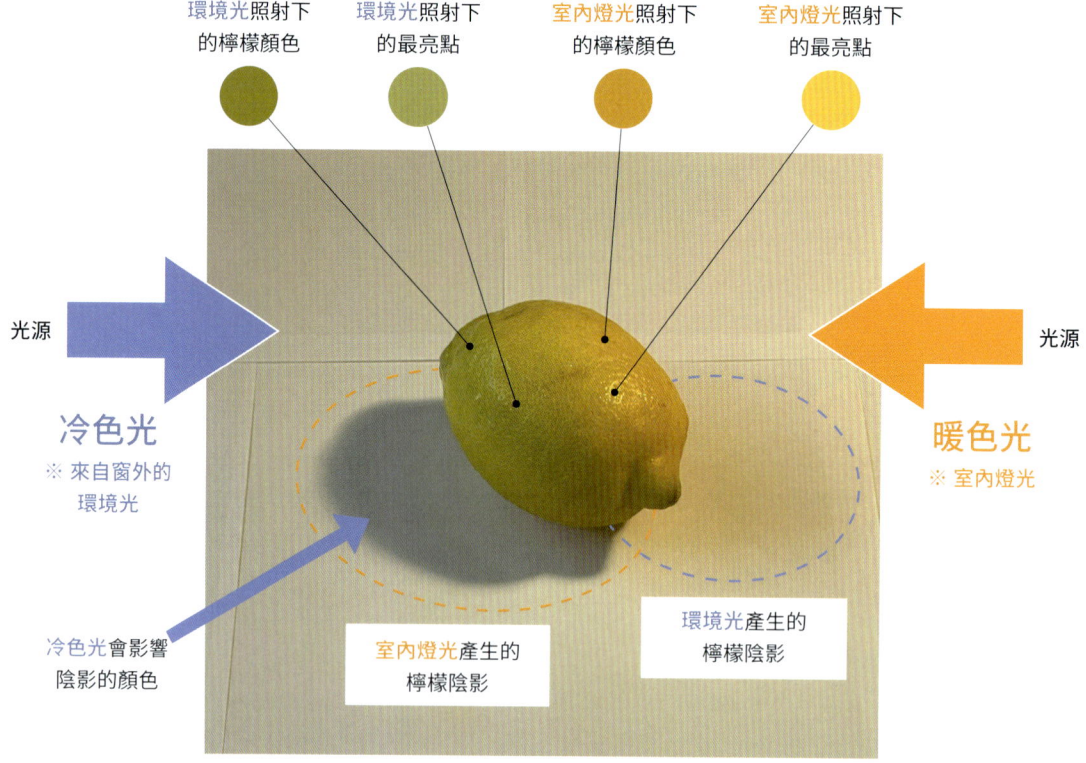

開始畫之前先把要畫的主體放好，然後開始觀察主體周圍的環境。這次的主體是檸檬，當你看上面這張照片時，首先應該會注意到白色的地面上有一顆檸檬。我在地面上鋪滿影印用紙，目的是為了打造白色的背景。
我刻意打造出白色的背景，就是因為這樣會比較容易看出「光源色」。
光源色「會改變主體看起來的顏色」，在用顏色畫畫時，判斷「光源色」很重要。所以我們要先來觀察光的顏色。
請仔細觀察這張照片，你會發現畫面的左側有檸檬投射的陰影。這表示畫面的右側有「光源」。在該光源的照射下，地面和檸檬偏橘色，是讓人「感覺溫暖的顏色」。這種帶有溫暖感的顏色稱為「暖色」。接下來，

畫面左側檸檬所投射的深色陰影，以及檸檬本體看起來有點偏藍色，是讓人「感覺寒冷的顏色」。這種寒冷感的顏色稱為「冷色」。畫面的右側有暖色光源，左側有冷色光源，由於每個光源發出的光源色不同，導致檸檬的亮部和暗部的顏色也有所不同。
在這個世界上，肉眼可見的一切事物，都會受到光的影響，我們所看到的顏色都會隨著光的變化而改變。如果了解這些現象，你將比以前不了解它們時更能看到光的顏色。
因此，每次要使用顏色畫畫時，請先想一下「光源在哪裡？現在是什麼顏色的光？」。
一旦知道了這些，你就能夠看到受光源影響的主體顏色。

試著畫畫看吧

1 決定畫布的尺寸

開始畫之前，我們要先決定畫布的尺寸。這裡將畫布的尺寸設定為 4000px×3500px、解析度 150dpi。因為這幅畫中除了畫檸檬，還要畫檸檬的陰影，為了容納往旁邊延伸的陰影，所以要設定成略寬的尺寸。

Movie

Memo
數位繪圖是以像素來衡量畫布大小。解析度 150dpi 且兩邊都超過 3000px 的話，比較適合列印，用途較廣。因此，可以說繪圖的尺寸越大越好，但這取決於硬體的規格，我認為最好以 3000px×3000px 作為基準。

2 替畫布填滿底色

建立新圖層，以混合模式「正常」來填滿底色。因為接下來要繪製光影，所以我選擇可以變亮也可以變暗的中間明度的灰色。

※ 以下各步驟可參照範例檔案「lemon.psd」
※ 範例檔案：lemon.psd｜圖層名稱：1 底色

3 描繪檸檬與陰影的線稿

再建立一個新圖層，決定要畫的位置，大致描繪出檸檬的輪廓線。這個畫面還會包含陰影大小，所以也要畫出陰影的線稿。目前的圖層結構中，最底部是步驟 2 填滿灰色底色的圖層，上方則是這個線稿的圖層，接下來還會新增固有色、混合模式用的圖層，基本上都是由下往上堆疊圖層。

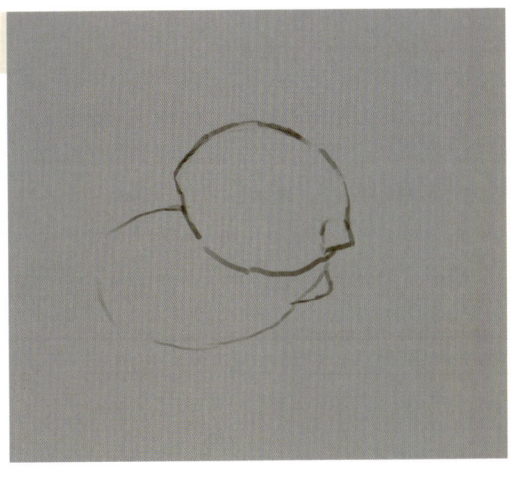

Memo
範例檔案中有將線稿圖層複製，放在圖層最上層並設定為隱藏。這是我個人的繪畫習慣，為了隨時回頭確認。

※ 範例檔案：lemon.psd｜圖層名稱：2 線稿

4 塗上檸檬的固有色

請先降低線稿圖層的「不透明度」,這樣接下來要塗的顏色才會更容易看清楚。接著在底色圖層上方建立新圖層,以混合模式「正常」塗上檸檬的固有色。

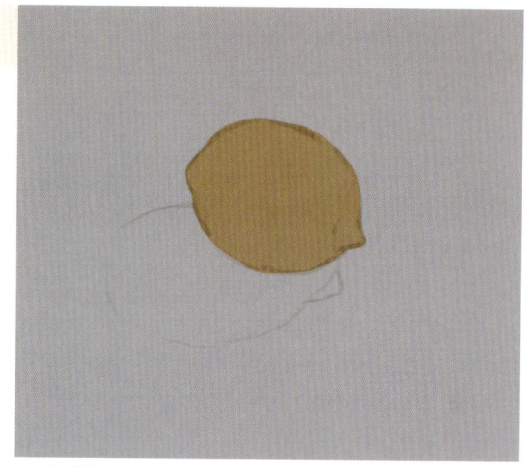

※ 範例檔案:lemon.psd | 圖層名稱:3 檸檬的固有色

5 描繪地面的投射陰影

建立新圖層,將混合模式設定為「色彩增值」後填滿暖色系的顏色。填色後會讓整個地面變暗,所以請替此圖層建立圖層遮色片,並在遮色片中填滿 100% 的 黑色(請參照 P.22)。接著我們要用擦除遮色片的方式畫檸檬投射在地面的陰影,請先用「硬度」100% 的筆刷來畫。 ➡ Point 1
照片中的陰影有些邊緣比較柔和,請將「硬度」改為 18% 來柔化這些邊緣。畫好陰影後,用來確認主體和陰影位置的線稿就不再需要了,所以請將線稿圖層設定為隱藏。 ➡ Point 2

※ 範例檔案:lemon.psd | 圖層名稱:4 檸檬陰影

6 在地面上畫出暖色光

接著要在右側地面添加暖色室內燈光。請建立新圖層,將混合模式設定為「覆蓋」,將圖層填滿暖色(例如淺橘色)。接著請比照前面的方法,新增圖層遮色片並且填滿黑色,然後在遮色片上擦除右側地面的區域。

Memo

示範影片中,我在畫暖色光之前,有將地面稍微調暗。這是因為當我畫出暖色光之後,感覺底色變得太亮了。我判斷的標準是在加入明亮的顏色後,看看亮部和暗部是否有足夠的明暗差,如果差異變小,就要加大差異。本例我感覺差異不夠明顯,所以將地面稍微調暗一點。

※ 範例檔案:lemon.psd | 圖層名稱:5 地面暖色光

7 在地面上畫出冷色光

照片中的左側還有來自窗外的冷色環境光,所以請再建立新圖層,將混合模式設定為「覆蓋」,並填滿冷色(例如淺藍色)。接著再比照前面的方法,新增遮色片並填滿黑色,然後在遮色片上擦除左側大片區域

Memo
我畫這幅畫的時候,從前面的步驟就開始畫地面,我的用意就是要畫出主體所在的環境,這樣一來,會更容易注意到照射在主體上的光。

※ 範例檔案:lemon.psd｜圖層名稱:6 地面冷色光

8 繪製檸檬上的暖色陰影

前面都在畫地面的陰影,現在終於要開始畫檸檬上面的陰影了。請在「檸檬的固有色」上方建立一個新圖層,將混合模式設定為「色彩增值」,並替此圖層建立剪裁遮色片(請參照①),這樣就能避免繪製的陰影超出檸檬範圍。接著請填滿當作陰影的暖色,然後新增圖層遮色片,以擦除遮色片的方式來畫陰影。透過用筆刷擦除遮色片的畫法(請參照 P.22),即可維持固定的顏色。

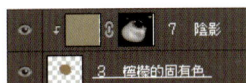

①將顏色圖層的混合模式設定為「色彩增值」,建立為剪裁遮色片,然後新增圖層遮色片來擦除陰影。

※ 範例檔案:lemon.psd｜圖層名稱:7 陰影

9 繪製檸檬上的冷色環境光

接著使用混合模式為「覆蓋」的圖層遮色片,替檸檬加上來自畫面左側窗戶的冷色環境光。這個冷色光「與照射在地面的冷色光一樣」,所以我直接複製了「地面冷色光」圖層,並設定成檸檬的剪裁遮色片。不過,根據主體固有色的不同,即使是相同的圖層,呈現的顏色也會有所差異。所以我用「色相／飽和度」功能稍微調整檸檬上的冷色光顏色,讓它看起來更自然。 ➡ Point 3

Memo
示範影片中,這個步驟還有再描繪檸檬陰影圖層。因為整體色調已大致底定,所以也替檸檬畫上凹凸細節。

※ 範例檔案:lemon.psd｜圖層名稱:8 冷色光

10　繪製檸檬上的暖色光

接著使用混合模式為「覆蓋」的圖層遮色片，在檸檬上增添來自右側室內燈光的暖色光。這個暖色光，和照在地板上的光是相同的暖色光。所以我直接複製照射在地板上的暖色光圖層來用在檸檬上。替檸檬添加了暖色光之後，我再比較檸檬與地板的明暗、冷暖的顏色，感覺與肉眼看到的檸檬照片有一點差異，所以又稍微調整了地板的暖色光。

Movie

※ 範例檔案：lemon.psd｜圖層名稱：9 暖色光

11　繪製右側地面環境光的陰影

在畫面右側的地板隱約可見畫面左側窗戶環境光投射的淡淡檸檬陰影，接下來就要繪製此陰影（可直接複製步驟 5 畫好的陰影圖層來使用）。本例的環境中，室內燈的光線比較強，所以畫面左側的檸檬陰影比較清晰、右側的陰影比較淡。

Memo

影片中我是直接複製「4 檸檬陰影」圖層來修改成「10 檸檬陰影 2」圖層。這個階段我還調整了檸檬的陰影、檸檬的固有色。總之是在足以檢視畫作全貌的時間點，進一步根據整體需求來描繪細節、調整顏色。

※ 範例檔案：lemon.psd｜圖層名稱：10 檸檬陰影 2

12　替檸檬加上室內燈光造成的亮光

如果室內的暖色光圖層只有 1 個，這還不足以讓檸檬變亮，所以接著我要用「覆蓋」混合模式的圖層遮色片來畫室內燈光造成的亮光。目前已有「暖色光」圖層，所以我直接複製它，再調整成符合我肉眼所見的顏色與亮度。這 2 個「暖色光」圖層都設定成檸檬的剪裁遮色片。　➡ Point 4

※ 範例檔案：lemon.psd｜圖層名稱：9 暖色光 拷貝

13 繪製室內燈光產生的最亮點

建立新圖層，用「濾色」混合模式的圖層遮色片在檸檬右側繪製室內燈光形成的暖色反射亮點。這裡請將筆刷設定為「80%」以上的硬邊，因為稱為「最亮點（hightlight）」的明亮反光部位是被光源直射的反射處（鏡面反射），所以亮點的邊緣通常比其他亮部來得銳利，建議將筆刷設定成硬邊，成功率會比較高。➡ Point 5

Memo
使用「濾色」混合模式來畫，會畫出非常明亮的效果，所以訣竅是這個圖層中的填色要暗一點。

※ 範例檔案：lemon.psd | 圖層名稱：11 暖色亮光

14 繪製窗外天空產生的最亮點

建立新圖層，用「濾色」混合模式的圖層遮色片在檸檬左側繪製窗外天空形成的反射亮點。由於當天的天空是藍色的，所以最亮點呈現冷色。

Memo
靈活運用「暖色」與「冷色」即可表現「光源的差異」。這次畫的檸檬最亮點具有「室內燈光」與「窗外天空」這兩種光源色差異，注意到這種光源色的差異非常重要。

※ 範例檔案：lemon.psd | 圖層名稱：12 冷色亮光

15 疊上紋理

進行到這裡，包含最亮點在內的元素都畫好了，最後我要在所有圖層的最上方疊加混合模式為「覆蓋」的「紋理」圖層。透過調整紋理的色調，即可統一整張圖的顏色。我希望整張畫都帶有溫暖氛圍，所以用「調整圖層」的「色相／飽和度」將紋理處理成暖色調。

使用的紋理
texture.psd

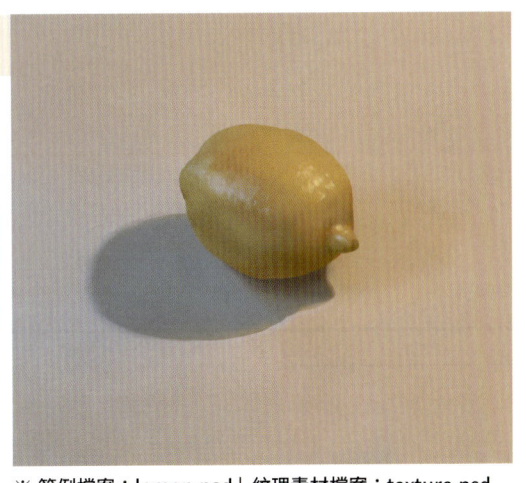

Memo
前面都用柔邊筆刷來畫，可創造出相當平滑的漸層色，但是「太過平滑」會感受不到「手繪感」。我偏好手繪感的畫，所以會刻意疊上紋理來「破壞」太過平滑的漸層。

※ 範例檔案：lemon.psd | 紋理素材檔案：texture.psd

16 調整整體

加上紋理後,就可以大致看出最終的樣貌了,接著要針對畫作的整體做最後的調整工作。這個階段包括對光的色調做細部的調整,以及對陰影和亮光添加細節的描繪。

Movie

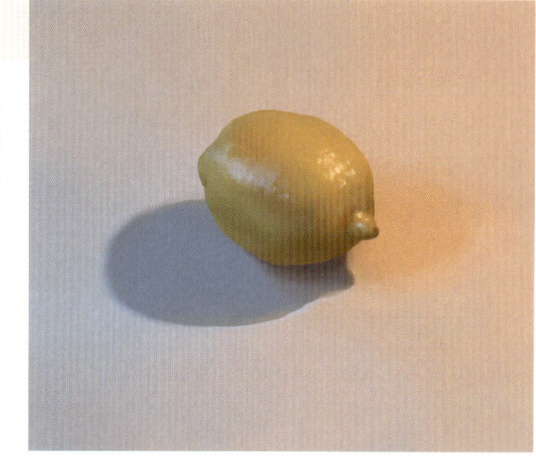

※ 範例檔案:lemon.psd

17 用筆刷做最後的潤飾

為了加強畫面右側室內燈光的效果,這裡把先前製作好的「地面暖色光」圖層再複製一份,然後再調整色調、擦除遮色片,強化暖色光的感覺。最後使用筆刷調整整體,就大功告成了。

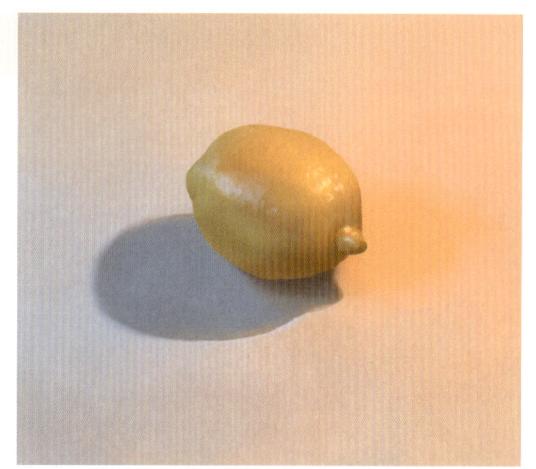

※ 範例檔案:lemon.psd

18 用調整圖層潤飾

最後使用「調整圖層」對整張圖做潤飾。從調整圖層選單中選取「色階」,將色階圖右下的白色三角滑桿稍微向左移動,就可以自然地調亮整張畫作。將亮度提高後,整張畫也顯得更明亮了。另外,我覺得「稍微提高飽和度或許也不錯」,因此新增「色相/飽和度」調整圖層,將「飽和度」提高了 10% 左右,透過提高整張畫的飽和度來強化「色彩」印象,並且強調出暖色與冷色的「光源色的差異」。 ➡ Point 6

※ 範例檔案:lemon.psd | 圖層名稱:14(群組)

Point 1
使用圖層遮色片來畫陰影和亮光
在 P.22 中介紹了「用筆刷擦除遮色片的畫法」。在本書中，在塗好固有色之後，要加上陰影和亮光時，基本上都是用這個方法畫出來。

Point 2
陰影的顏色
我畫陰影時大多是挑選暖色系的顏色。雖然這只是根據我個人的經驗，我覺得即使是畫冷色的陰影，先以暖色為基底再疊加冷色，對我來說比較好畫。由於我沒有深入探討原因，終究只是「對我來說」，或許也有人覺得用冷色當基底會比較好畫。如果你是初學者，我個人建議先用偏暖的顏色來畫陰影。

Point 3
優先考量畫作整體的變化
我畫畫的時候，會隨時停下來看畫作整體的變化，並根據整體狀態來調整，然後才繼續畫。這是因為在描繪細節前先掌握畫作的全貌，會比一直畫細節更容易成功。如果你從一開始就畫得非常細，往往只會看到局部而非全貌，很容易失敗。所以我畫畫的原則就是「優先處理畫作整體而非描繪細節」。

Point 4
圖層的數量越少越好
圖層數量越少，成果就可能越理想。因此，「亮光」圖層盡量不要增加太多會比較好，但是如果需要用固有色搭配覆蓋混合模式來畫，無法只用 1 個圖層來充分表現亮光時，我還是會增加圖層。

Point 5
最亮點（hightlight）
物體的最亮點是被光源直射的地方，稱為「正反射（鏡面反射）」，相較之下在一般光源下看起來偏亮的大片區域稱為「擴散反射（漫射）」。「反射」這個詞通常會讓人聯想成如鏡子般的強烈反射，其實我們眼睛所見的光都可以算是「反射光」，依反射強度（擴散程度）而異，最強烈的反射處就是「反光」，也就是這裡所說的「最亮點」。

Point 6
調整圖層
Photoshop 中有內建用來調整畫面整體色調或亮度等的「調整圖層」選單。其中我常用的是「色階」和「色相／飽和度」這兩種調整圖層。

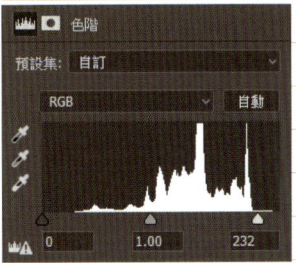

色階

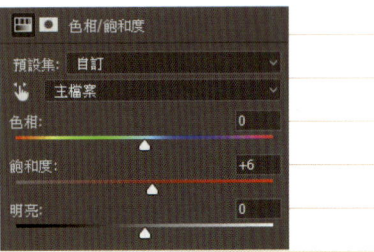

色相／飽和度

CLIP STUDIO PAINT 內建的「色調補償圖層」也是相同的功能。如果是使用 Procreate，它沒有調整圖層功能，要將畫好的圖層全部複製並合併起來，再針對該圖層來調整色相、飽和度等功能。

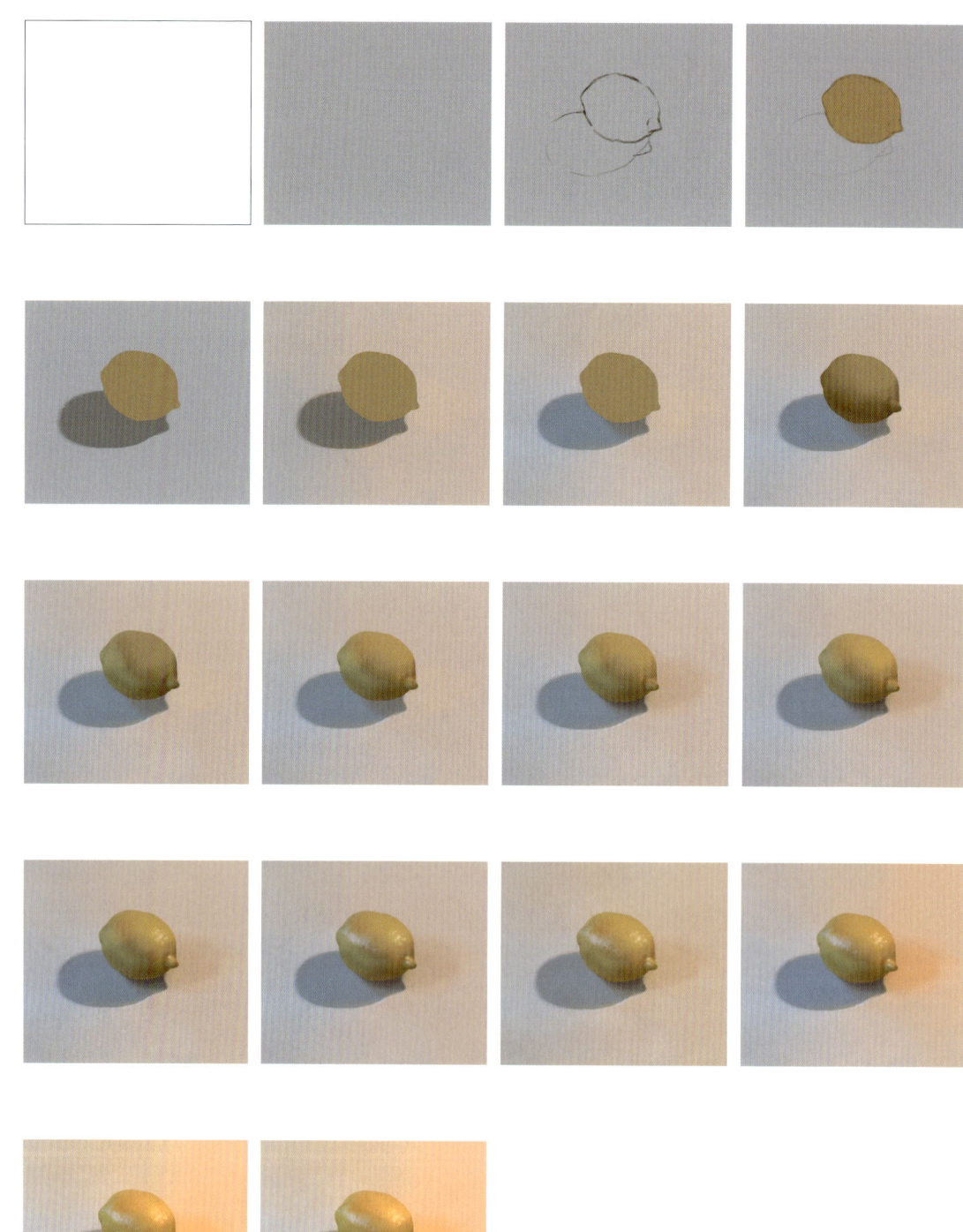

Column 1
總之就試著畫畫看吧！

讀到這裡你應該有點了解繪圖工具了，先試著畫畫看吧！
我平常在挑選衣服的時候，
幾乎不太可能一下子就選到適合自己的款式。
我試過很多不同的衣服，經歷過購買昂貴衣服卻只穿一次的失敗，
才逐漸弄清楚什麼樣的衣服比較適合我。
學畫畫也是這樣，除非你先嘗試，否則你不會知道要怎麼畫畫。
總之，動手畫就對了。

建議先畫「比較好畫」的主體

動手畫畫前需要先挑選主體，我比較推薦的是「紅蘋果」或「番茄」。因為這些東西是「深色」而且「形狀有個體差異」（只要大概符合這些條件，畫什麼都可以）。

這是因為淺色的東西不太容易看清楚顏色，導致選定顏色的過程比較困難。而形狀固定的東西（例如工業製品等）則是因為在檢視畫作時，立刻就會看出形狀沒有畫好，你會很難畫得滿意。總之，「淺色」且「形狀固定的東西」比較難畫；反而「深色」而且「形狀有個體差異的東西」會比較好畫。

首先，為了讓你能夠享受「畫畫」這件事，如果你想自己挑選主體的話，就從難度較低的開始進攻吧！

主體的挑選很重要

畫畫的時候，主體的選擇也很重要。同樣是畫檸檬，你要畫放很久的檸檬，還是要畫新鮮的檸檬，會對畫作給人的印象有很大的影響。
如果你有「我想畫這樣的畫」的想法，那就選擇感覺類似的主體。
舉例來說，想要畫一幅鮮明爽朗的畫作，同樣是畫蘋果，這時候選擇青蘋果這種「明亮的顏色」，畫面中的氣氛也會變得鮮亮。相反地，如果想畫一幅令人感覺寂寞的畫，同樣是畫檸檬，這時候選擇放很久的檸檬，比較能營造寂寥的氛圍。
畫作的印象會被主體影響，所以挑選主體也是繪畫時很重要的過程。

Column 2
用疊加筆觸的方式畫檸檬的漸層色

我在本書中基本上都是使用繪圖軟體內建的圓形筆刷來畫。
下面我將示範用自製筆刷描繪檸檬的例子作為參考。

※ 這是本書 P.19 介紹過的畫法，修飾則是用調整圖層等功能。

作為主體的檸檬

我自製的筆刷

1

先決定底色。請注意我不是用白色，而是有點暗的灰色。如果用白色當作底色會太亮而難以辨識主體的顏色。

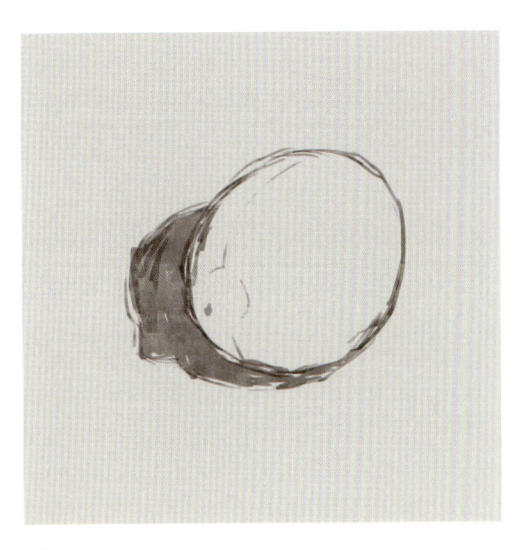

2

先大致畫出草稿，決定畫面中要安排的主體大小。

3

塗上檸檬的固有色。畫水果和植物時容易飽和度過高，所以這裡我是刻意使用飽和度稍微低一點的黃色。

4

我畫的主體受到日光燈的照射，冷色的光比較強，陰影相對地變成暖色。所以我替檸檬塗上暖色調的陰影。

5

繼續在檸檬上的陰影處、檸檬投射的陰影中都添加更多暖色。

6

進一步描繪檸檬上的陰影顏色,並且在檸檬右側的明亮處添加隱約可見的檸檬綠色。

7

加上日光燈的反射處,也就是冷色的最亮點。這是畫面中最亮的顏色,請注意不是純白色,而是帶點藍色的光。

8

在檸檬的下緣,畫上反射地面的淺色。

9

用「調整圖層」將陰影處稍微變暗。這樣畫會比直接添加顏色更具微妙的漸層，看起來會更逼真。

10

在檸檬的下半部，也用「調整圖層」稍微變暗。這是因為我在邊畫邊觀察的過程中，注意到這些微妙的變化。

11

一邊畫一邊調整筆刷邊緣的硬度，讓筆觸不要太過生硬明顯，像這樣進行細微的調整。

12

用「不透明度」30% 左右的「覆蓋」混合模式圖層疊上紋理。這是為了讓顏色看起來更加均勻，同時表現出手繪的筆觸（雖然這裡是以 30% 為基準，但是依畫作的不同，也可以用 25% 或 35% 等）。到這邊就完成了。

Chapter 2

白色的東西
不用白色來畫

描繪白色的陶器

在本章中,我想透過繪製「白色的東西」
來幫助大家理解「明度」這個概念。
在描繪「白色的東西」時,
許多人往往會因為對色彩的印象而想要使用白色顏料。
但是「看起來白色的東西」通常並不是「顏料的純白色」。

我們畫圖的時候,如果要畫那些「感覺是白色」的東西,
通常不會直接用白色的顏料,而是會使用各種不同的顏色。
練習畫白色的主體,這個題目最適合用來了解
「我們所感知的顏色實際上是由多種顏色組成的」。

顏色是由「色相」、「彩度」、「明度」這3個元素組成的,
其中的「明度」是有助於理解顏色的重要知識,本章將一起來探討。

家中常見的代表性白色物品就是捲筒衛生紙。

觀察主體所在的環境

陰影　主光的受光處　最亮點　即使是「同一個白色物體」實際顏色也有很大的差異

來自畫面右前方的暖色光
※室內燈光

光源

本例是在晚上作畫，窗外一片漆黑，所以光源只有室內燈光

陶器（主體）下方隱約可見白色桌面的反射

室內燈光在陶器（主體）下投射出的陰影

這次的主體是畫白色陶器。照片後方有窗簾（百葉窗），但看不出光的影響，由此可以判斷作畫時是天色昏暗、沒有陽光的時段。主體靠近鏡頭的部份比較亮，它的影子朝向畫面左邊遠處延伸，由此可推測光源位置在畫面右邊靠近鏡頭處。此外，雖然從照片中看不太出來，但光源是暖色調的室內燈光，所以使用暖色調來表現光影比較好。像這種「光源只有一個」的情況畫起來比較單純，如果窗外也很亮，光源就變多了。光源越多

照到主體上的光就越多，主體的顏色和陰影的形狀也會變得更加複雜。
因此，對繪畫經驗較少的人來說，限制光源的數量來進行繪畫練習可能會比較容易。
此外，平常練習現場速寫時，大多會像這個範例一樣，看到主體後方還有複雜的背景。在繪畫初學的階段，如果把主體後方的東西也畫進去，可能會讓畫面變得複雜和困難，因此我們這次練習只要畫主體就好。

試著畫畫看吧

1　決定畫布的尺寸

我將畫布尺寸設定為 3800px × 3000px，解析度為 150dpi。因為打算在畫面中並排放置 2 個主體，所以我將畫布設為橫向，這樣更能清楚地呈現包括陰影在內的主體。

2　替畫布填滿底色

建立新圖層，以混合模式「正常」填滿底色。因為後續步驟要繪製光影，所以我選擇可以變亮也可以變暗的中間明度的灰色。此外，主要光源是暖色的室內燈光，所以我使用偏冷色的灰色作為底色，方便後續添加暖色的光影。

Memo
畫每一個步驟時我都會「建立新圖層」來繪製。從下一章開始，我將省略「建立新圖層」、繪製陰影和亮光時的「圖層遮色片」等重複的說明。

3　描繪線稿

建立新圖層來繪製線稿，決定要在畫面中如何描繪主體。此時可試著將畫好的線稿上、下、左、右移動，看看如何安排畫面感覺比較舒服。你也可以試著使用 [變形] 工具來放大、縮小線稿。

Memo
把東西畫好以後還是可以自由變形調整，這算是數位繪圖的優點之一。

4 塗上固有色

建立混合模式為「正常」的新圖層，再填滿作為底色的固有色。這是本章的重點。

➡ Point 1

雖然是畫白色的主體，但是不使用所謂的「白色顏料」。要描繪白色物體的固有色，重點在於要使用「不過於明亮的顏色」。因為接下來的步驟要添加亮光和陰影，使畫面越來越亮，如果底色已經是接近白色的亮色，後續就無法再進一步凸顯亮光。

➡ Point 2

5 塗抹陶器蓋子的固有色

接著建立新圖層，替兩個陶器上方的蓋子塗上固有色。雖然蓋子是比白色陶器更深的顏色，但因為之後會再繪製陰影，所以這裡也不要用太深的顏色（參照下圖①）。

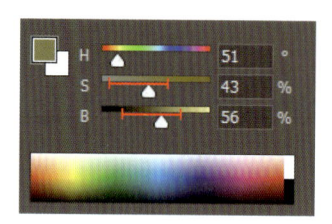

① 陶器蓋子的固有色

6 將畫面左側變暗

替主體塗上底色後，將線稿設定為隱藏。本例光源來自畫面右側下方，請建立混合模式為「色彩增值」的新圖層，再新增圖層遮色片後，將畫面的左側塗深一點。這裡的陰影和亮光都是先新增圖層遮色片，再以擦除遮色片的方式繪製（參照 P.22）。

Memo

這個階段先不要急著畫細節喔！我們畫畫的基本順序是「先畫約略的部分→再畫細節的部分」。所以這裡只要先畫出「環境」中最大範圍的亮光。

7　繪製主體的投射陰影

接著要繪製主體被右下方的光源照射後，往左上方產生的投射陰影。建立混合模式為「色彩增值」的新圖層，利用圖層遮色片來繪製。陰影的顏色使用稍微偏暖的灰色。

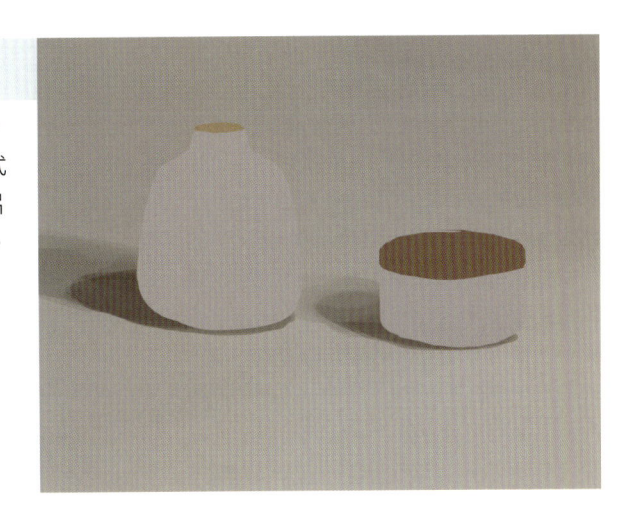

8　繪製桌面上的暖色光

建立新圖層，繪製打在桌面上的暖色光。畫法是將圖層混合模式設定為「覆蓋」，填滿暖色後，再新增圖層遮色片來擦除。光可以大致分為「暖色光」和「冷色光」。本例的光源是暖色光，所以用暖色來畫。

Memo
描繪包含主體的畫面時，應該先畫哪一個？我的優先順序是 ① 先畫環境、② 畫環境中的主體。因為我認為先畫出「主體在環境中」這種感覺，就會更容易理解「主體被某種光源照射」。所以我通常會先畫主體所在的環境，接著再畫主體。

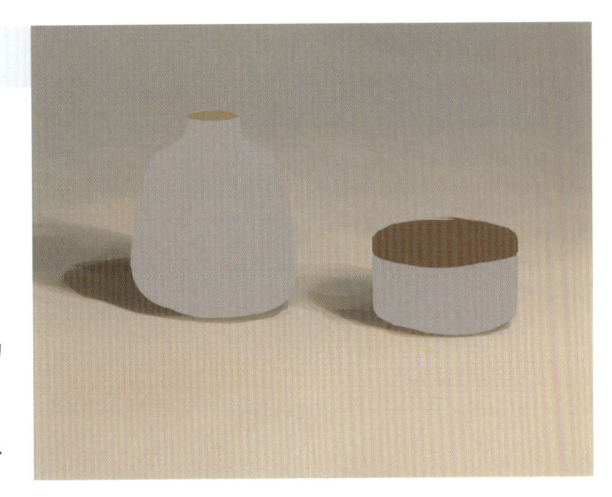

9　繪製主體上的陰影

接著要在主體上添加陰影。建立混合模式為「色彩增值」的新圖層，利用圖層遮色片來畫陰影。因為光源來自畫面右側，所以我將主體的左側加深。

10 繪製主體上的主光

接著要畫打在主體上的亮光。請建立混合模式為「覆蓋」的新圖層,建立圖層遮色片來畫。主體和桌面的亮光屬於同一光源,所以填滿與桌面相同的顏色。不過,由於受光物體(陶器與桌面)固有色不同,使用「覆蓋」混合模式疊加相同的顏色,呈現的印象也不同。此時可利用色調調整功能,一邊檢視畫面一邊微調亮光的顏色。這裡我將主體上的亮光顏色稍微調高彩度,讓它比桌面的顏色稍微亮一點。 ➡ Point 3

11 繪製反射燈光的最亮點

接著在陶器上繪製最亮點(直接反射光源的強烈反射光)。光源為室內燈光,因此呈暖色調。請建立混合模式為「濾色」的新圖層,用圖層遮色片來畫。

Memo
光是用「覆蓋」混合模式,通常無法展現最亮點所需的亮度。改用「濾色」混合模式會比較容易達到強烈的亮度,所以用濾色模式來畫最亮點。

12 繪製主體上的反射光

這是一個效果沒有很明顯的繪製步驟,我利用混合模式為「覆蓋」的圖層遮色片,在陶器底部添加了一圈反射光。光有許多種類型,這裡我所畫的是主體上被照射到的「主光」和「反射光」。

Memo
「主光」是我自創的名詞,是指「主體上受光面積最大的光」。

13　繪製主體上的反射影像

又是一個不太明顯的繪製步驟，我在陶器的下半部繼續添加了「桌面的反射影像」。「反射影像」雖然也是「反射」的一種，但把它想成「反射影像」會更容易理解。本例的陶器上有反射桌面的影像。 ➡ Point 4

14　繪製主體上的接觸陰影

在擺放主體的桌子上繪製「接觸陰影」，這是最深的陰影顏色。請建立混合模式為「色彩增值」的新圖層，利用圖層遮色片來繪製陰影。 ➡ Point 5

15　調整整體印象

畫出主體周圍環境的光影後，接下來要對整體印象進行調整。請建立新圖層，利用「覆蓋」混合模式，在主體的亮面上再疊加暖色。增加顏色可讓畫面看起來更豐富，所以不建立遮色片，直接用筆刷塗上去。

Memo
在針對畫作整體做調整時，通常會使用「覆蓋」混合模式來添加顏色。

16 添加光的擴散效果

建立新圖層並設定為「覆蓋」混合模式，替最亮點稍微添加「光的擴散」。當光看起來強烈且明亮時，看起來會有點擴散，所以我替最亮點添加了這種效果。白色被稱為膨脹色，正是基於上述的原因。

Memo
繪製光的擴散時，通常會使用「正常」或「覆蓋」混合模式。這兩種模式全憑感覺來運用，並沒有既定的規則。建議可以試著用你自己覺得適合的方式來畫，如果不知道該從何下手，不妨先嘗試使用「覆蓋」混合模式吧！

17 繪製木紋

陶器的蓋子有木紋，雖然效果不太明顯，我用「色彩增值」混合模式在右側的木蓋上添加了一些木紋。

18 使用調整圖層潤飾

用「調整圖層」中的「色階」調亮，再用「色相／飽和度」提高飽和度，完稿之前通常都會做這些調整。

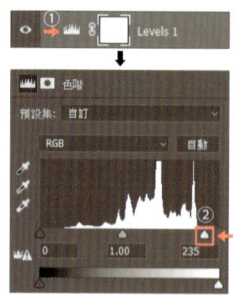

Memo
請雙按「色階」① 開啟設定交談窗，將最右邊的三角滑桿 ② 向左移動，可以使整體畫面變亮。若調整過度會讓顏色消失，請適度調整即可。

19 疊加紋理

再建立新圖層，置入紋理圖檔後，將混合模式設定為「覆蓋」、「透明度」調整至15%，再移至所有圖層最上方，就完成了。

Memo

透過疊加紙張紋理，可以增加畫面中的資訊量，讓數位繪圖的不自然感變得比較不明顯，提升完稿的手繪感，顏色也會更有變化，進而增加可看性。

使用的紙張紋理 texture.psd

Point 1
固有色的平塗

塗抹固有色的時候必須均勻塗抹（平塗），這時可以使用 [選取畫面工具] 先選取範圍，然後用油漆桶工具填滿，也可以用適合平塗的筆刷來塗抹。

Point 2
看起來像白色的物體其實並非白色

顏料中的「白色」是明亮的顏色，也是最亮的顏色，但是我們幾乎不會用白色的顏料來畫白色的物體。這是因為白色的物體雖然「看起來似乎是白色」，但受到環境光影的影響，實際上並不是「白色」。

Point 3
如何改變顏色

顏色的改變幅度，取決於想呈現的畫面印象，沒有絕對的正確答案。數位繪圖的一大優勢就是「可以隨時觀察畫面並調整顏色」，所以請盡情地調整吧！

Point 4
反射影像

反射影像是在「深暗的物體」上會反射出「明亮的物體」。因此，本例「陶器的陰影面」上會映射出「比陶器陰影面還要亮的桌面」。理解這種反射影像的原理非常重要。

Point 5
接觸陰影

「接觸陰影」是物體與物體接觸的地方所產生的陰影，所以稱為接觸陰影，原文為「Contact Shadow」或「Occlusion shadow」，通常是顏色最深的陰影。

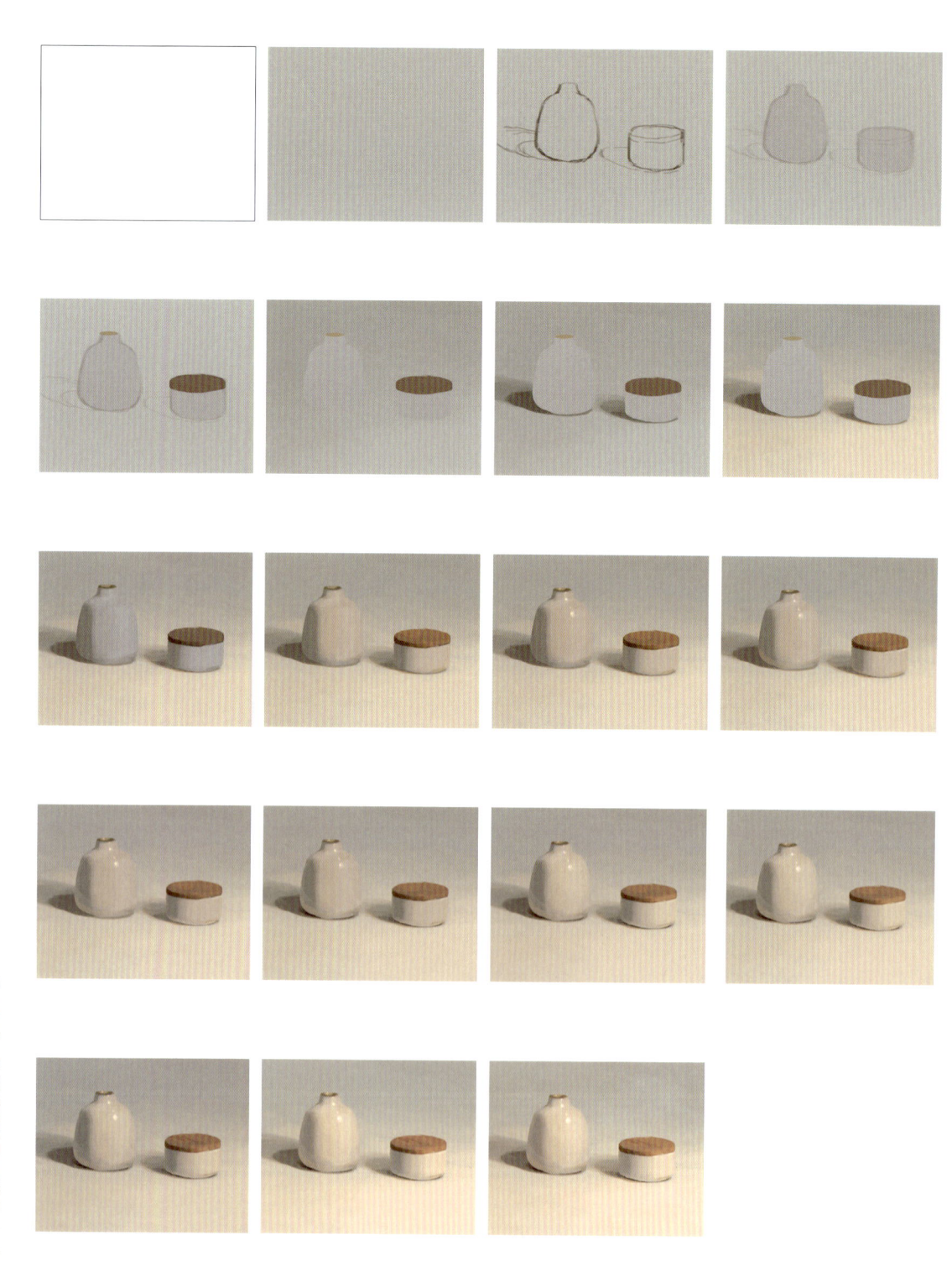

Chapter 2　白色的東西不用白色來畫

054

Column 3
上色之前先觀察明度

我想來聊聊視覺資訊基本要素中的「明度」。
明度是色彩三要素（色相、彩度、明度）之一，
是用來表示「明暗程度」的用詞。
顏色越亮，明度越高；顏色越暗，明度越低。

「檸檬黃色」真的是檸檬的顏色嗎？

我們常常聽到「畫畫沒有正確答案」或是「感受因人而異」這樣的說法。這些話聽起來既正確又不完全正確，根據前提條件的不同，有時會有正確答案，有時則沒有；感受也可能會因人而異或是一致。

例如在「描繪眼前所見事物的素描」時，我們是透過觀察現實狀態，並且將其描繪在畫面上。因此，如果畫面上所呈現的明度平衡與肉眼在現實中所觀察到的不同，那就是「錯誤」。這就是為什麼人們在看自己的畫時，常常會感覺「有點不對勁」。我們通常能隱約察覺到作品好像出了問題，但往往不擅長找出具體的「原因」（到底是為什麼呢？）。大部分情況下，這個「原因」很可能就是「明度不對」。稍後我會進一步說明，如果沒有正確地表現明暗，就無法好好地表現「顏色」。

明度是繪畫的視覺資訊中特別重要的要素，因此務必將這部分的知識牢記在心。美術大學的考試科目通常會包含鉛筆素描，這就是原因之一。

學習繪畫（paintng）不能跳過素描（drawing）

我在美國生活時，曾經跑去一間畫室學畫。那間畫室位於美國西海岸的舊金山，距離《玩具總動員》、《汽車總動員》等知名動畫的製作公司PIXAR動畫工作室很近。因此，畫室裡有幾位正在PIXAR工作的藝術家，還有一些網路上頗有名氣的藝術家也會來。

我那時就跑去找老師說，我也想在這個畫室學油畫。然而，老師卻對我說：「學習繪畫不能跳過素描，我希望你先多練素描！」

這裡所提到的「素描」，是指單用鉛筆描繪的黑白素描。老師希望我能多用黑白、明度來畫畫。因為如果無法掌握明度，之後使用顏色來畫畫時會更無法畫好。

後來出於某些個人因素，我很快離開了那間畫室，所以最終沒能在那裡學油畫。不過，老師的這段話說明了繪畫中明度的重要性，我覺得非常精闢。

雖然他這麼說，我還是認為學畫的時候黑白與彩色應該要平衡訓練會比較好。因為繪畫中有些東西只能透過明度來表現，還有一些東西只能夠過色彩來表現。

明度是繪畫的基礎

如果你想了解自己對明暗的理解與掌握度，最簡單的方法，就是練習畫「白色物體」、「檸檬」或「香蕉」。你知道為什麼嗎？因為這些物體的共同點是在轉換成黑白時，呈現的明度是「明亮的固有色」。

舉例來說，檸檬和香蕉的固有色接近黃色，而黃色在轉換成黑白時會變成偏亮的顏色。因此，當你描繪這些物體時，如果對明度的理解不夠，僅憑概念來處理顏色，你畫出來的圖可能會偏白。這主要是因為我們「過度用顏色思考」的緣故。例如小時候用的管狀顏料中有稱為「檸檬黃」的顏色，或「香蕉是黃色的」這些主觀印象，往往會妨礙我們正確地觀察世界，在畫畫時會非常礙事。

因為人類具有習慣用自己的既定認知來看待世界的習性。我們積累的經驗和文化雖然能幫助我們節省思考的時間，但也會簡化我們對世界的觀察力。

如果仔細觀察，檸檬真的是檸檬黃色、香蕉真的是黃色嗎？事實上絕對不是那樣的吧！

即使是看同一個物體，它的顏色和明度也會隨著環境光線而產生很大的變化。如果無法理解這一點，就無法準確地觀察顏色。
素描時，我們所做的事情是邊觀察邊畫畫。

如果進一步分解素描過程，還可分解出訓練觀察力、訓練手部動作、學習工具等。其中對於提升繪畫能力最重要的就是「觀察」。

如果把香蕉和南瓜的彩繪畫作（上圖左）轉換成黑白（上圖右），感覺會比彩色狀態時還暗。如果不觀察實物，而是按照既定的色彩印象來上色，可能就會畫出比實物明度更高的顏色。此外，在玻璃瓶的畫作（下圖左）中，水中映照出的是光源（天空）的鏡面反射，但是轉換成黑白（下圖右）時，可以清楚得知光源非常亮。如果理解明度，就能更巧妙地運用色彩。

透過自行觀察擺脫刻板視覺印象

我們都是帶著「刻板印象」（主觀）生活著，這些觀念在某些情況下非常實用。因為有了固定的行為模式，就不需要「思考」。如果生活中的每件小事都要停下來思考，大腦的負擔就太大了。因此，出於生存本能，我們會對經歷過的事情加以標籤化，並以此方式生活下去，例如「檸檬應該是檸檬黃色的」。因此，即使很多事不經過大腦，我們仍然能正常生活。然而，當涉及到創造行為時，就不能這麼做，必須每次都停下來重新思考。這種訓練就是「素描（觀察）」。

透過確認「這個檸檬變成黑白時的明度大概是多少？」，即可消除「檸檬黃色」的概念。這種訓練必須擺脫生活中根深蒂固的觀念，其實非常困難，做不到也是很正常的。畢竟這意味著我們要放棄長年積累的人生經驗。但這就是提升繪畫能力的真諦。每次畫畫前都停下來想想看，「這個檸檬的明暗程度和色溫大概怎麼樣？」就像這樣停下來思考，這就是「觀察」。觀察是非常繁瑣且耗時的事情，所以門檻很高。

瞇上眼睛，用瞇瞇眼去觀察

即使我這麼說，也不太可能從一開始就能觀察到正確的明度吧？這很難。所以我要特別教你一個方法。

建議你用「瞇瞇眼」去看主體。一定要瞇著眼睛喔！眼睛瞇得越細越好！當你瞇著眼睛看時，能看到的視覺資訊會逐漸減少。形狀會變得不清楚，顏色也會變得很模糊。那麼，剩下的視覺資訊是什麼呢？就是「明暗」。其實答案早就確定了。當視覺資訊逐漸削減後，最終留給人類的視覺資訊就是「明暗」。

這不是「因人而異」的事情，而是「事實」。因此，畫畫要先學捕捉明暗。一旦掌握了明暗，就能理解顏色了。不過我也說過很多次了，這不是突然開始學就能辦到的事。

讓我們一點一點慢慢地開始練習吧！

Chapter 3

「暖色」和
「冷色」的關係

用 2 種不同顏色的葡萄來比較。以相對方式判斷顏色

在本章中，我們將試著在作畫時意識到「暖色」和「冷色」。
我選擇葡萄作為主體，是因為即使同樣是葡萄，
但兩種不同顏色的葡萄正好呈現出暖色與冷色的差異。

暖色與冷色是藉由與另一方比較來判斷的。
紫葡萄比綠葡萄更偏向紅色系，帶有溫暖的感覺，屬於暖色。
而綠葡萄比紫葡萄更偏向藍色系，
也比紫葡萄更有寒冷的感覺，因此在這兩色的比較中屬於冷色。

此外，「光」也有顏色，並且也可分為暖色與冷色。
本書中將室內燈光視為暖色，而來自窗外的環境光則是冷色。
透過研究色溫，我們發現在使用顏色作畫時，
如果「暖色與冷色的關係」不正確，顏色就會顯得混濁。

基於以上論點，讓我們在畫畫時多注意暖色與冷色吧！

這種類型的進口葡萄在超市裡越來越常見了

觀察主體所在的環境

最亮點
（環境光）

最亮點
（室內燈光）

光源

光源

冷色光
※ 來自窗外的
環境光

暖色光
※ 室內燈光

室內燈光造成的
葡萄與盤子的陰影

環境光造成的
葡萄與盤子的陰影

這次的主體是描繪兩種顏色的葡萄與盤子。就如同主體包含暖色與冷色，光線也有暖色與冷色的分別。從照片中可以觀察到，畫面左側的主體和地面等處是冷色，而畫面右側則是暖色；畫面右側地面上的主體投射陰影看起來是暖色，左側地面的陰影則是冷色。

由冷色光造成的右側陰影看起來是暖色的。因為會形成陰影表示周圍環境很亮，再加上被冷色光照射，使得陰影的周圍呈現明亮的冷色，因此，陰影「相對」之下看起來會是暖色的。同理，陰影顏色偏暖時，也是因為

「相較於」陰影周圍的亮部，它看起來偏向暖色。由此可知，並不是地板的顏色發生了變化，而是因為光線的影響，以至於「比起其他部分，看起來會變成這樣」。一定有人會覺得難以理解吧！我總結幾個重點：

・光有顏色
・光的影響會讓主體的顏色跟著改變
・陰影的顏色也會跟著改變

以上這幾項就是重點所在。

試著畫畫看吧

1　決定畫布的尺寸

為了表現出左右兩側光線的差異，所以我選擇用橫向的畫布，以便在左右兩側繪製陰影。畫布的尺寸設定為 4000px × 3000px、解析度為 150dpi。

2　替畫布填滿底色

建立新圖層，用「正常」混合模式填入底色。我設想成「在冷色光的環境中有室內照明」，在這種情境中擺放葡萄，因此選擇了冷灰色的底色。這樣就可以在以冷色為基調的環境中，描繪出點亮暖色室內燈光的畫面。

Memo
我畫每個步驟時，都會建立新圖層來畫。從本章開始，我描述時會省略「建立新圖層」的說明；添加陰影和亮光時「建立圖層遮色片-用筆刷擦除」的步驟也會省略（請參照P.22）。

3　描繪葡萄和盤子的線稿

在畫面中約略畫出葡萄和盤子的位置。我打算以一邊上色一邊調整形狀的方式來描繪，因此這個階段的線稿只要畫個大概作為參考即可。稍後在塗固有色時會再次調整形狀。

4　塗上盤子的固有色

把線稿圖層的不透明度降低（40％），這是為了方便檢視盤子的固有色，接著替盤子塗上稍微深一點的固有色。這裡是因為在後續的步驟會繼續添加亮光、使盤子變得更明亮，因此先塗滿深色。

5　塗上綠葡萄的固有色

接著要畫綠葡萄的固有色。首先要確定是暖色還是冷色，再觀察「色相（H）」滑桿移到何處會比較接近想要的顏色。我認為是介於綠色和黃色之間的色相，因此選擇該範圍，然後將「彩度（S）」與「明度（B）」滑桿設置在中間一帶。這樣在後續疊加圖層時可以調亮也可以調暗。

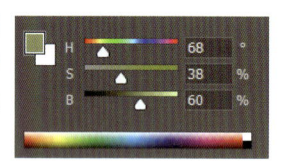

6　塗上紫葡萄的固有色

接著塗上紫葡萄的固有色。選色的方式與綠葡萄相同。

Memo

選色的重點是之後要添加光影時，必須能夠加亮也可以變暗。如果你在這裡選了太亮或太暗、飽和度過高的顏色，後續過程可能會很難順利進行。

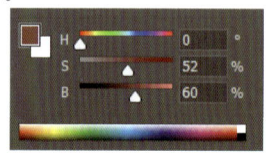

7　描繪葡萄的梗

描繪葡萄的梗,也就是果梗的部分。

8　描繪盤子上的花紋

建立新圖層,並且將該圖層設定為剪裁遮色片(剪裁至步驟 **4** 畫的盤子固有色圖層上方),然後描繪盤子上的花紋。

9　描繪左側的投射陰影

接著畫左側的冷色陰影,這是來自右側的暖色室內燈光所造成的投射陰影。我觀察發現,這邊的陰影看起來偏冷色,因此選用冷色,並將這個圖層設定成「色彩增值」混合模式來畫。我畫陰影和亮光的方式都是先建立填色圖層,再替該圖層建立「圖層遮色片」,以擦除遮色片的方式來畫(請參照 P.22)。

10 描繪右側的環境光投射陰影

接著畫右側的暖色陰影，這是來自左側窗戶的冷色環境光所造成的投射陰影。我觀察發現這邊的影子看起來偏暖色，因此用暖色來描繪，並將這個圖層設定成「色彩增值」混合模式來畫。

11 描繪主體上的陰影

接著在葡萄和盤子上面添加陰影。這個步驟應該是最困難的，請保持耐心一起加油吧！我建議將主體上面的陰影畫在同一圖層，如果你將葡萄和盤子的陰影畫在不同圖層，可能會因為圖層太多而難以管理，因此應盡量減少圖層數量。

Memo

我在描繪時，為了避免上色超出葡萄和盤子的範圍，我有先將圖層分組並建立成群組，再替該群組加上葡萄和盤子的輪廓遮色片。因此只要將圖層放入此群組，塗抹時就不會超出圖層遮色片的範圍。你也可以用另一個方法，就是將每個圖層都建立成剪裁遮色片（參照 P.18），只要能避免上色溢出即可。

替群組建立圖層遮色片來限制範圍

12 描繪主體上的環境光反射

在葡萄上添加從左側窗戶照進來的冷色環境光，用「覆蓋」混合模式來畫亮光。

13 描繪主體上的室內燈光反射

在葡萄上添加從右側照過來的暖色室內燈光，用「覆蓋」混合模式來畫亮光。

14 描繪紫葡萄上的色彩變化

建立新圖層，將它剪裁至步驟 6 所畫的紫色葡萄固有色圖層上方，然後描繪出紫色葡萄的色彩變化。 ➡ Point 1

Memo
這邊我是等到畫好步驟 12 的亮光圖層之後才畫的，如果你要在步驟 12 之前畫也可以。

15 描繪室內燈光反射的最亮點

在葡萄和盤子右側添加室內燈光產生的暖色「最亮點」。最亮點請使用「濾色」混合模式來畫。由於是室內燈光的鏡面反射，因此採用暖色調。

16 描繪窗外天空的反射亮點

在葡萄和盤子左側添加環境光所產生的冷色最亮點。最亮點使用「濾色」混合模式來畫，由於這裡是窗外天空的鏡面反射，因此採用冷色調。

17 描繪投射在地面的室內燈光

在桌面上添加右側室內燈光造成的暖色亮光，請使用「覆蓋」混合模式來畫。

18 描繪葡萄的透光效果

到這邊畫作的基礎部分都描繪完成了，接下來要進行細部的調整與繪製。葡萄內部透光的感覺，可以直接用「覆蓋」混合模式來畫，不必使用圖層遮色片。顏色請選用暖色調。 ➡ Point 2

19 強調最亮點

為了強調出最亮點，使用「覆蓋」混合模式，直接用筆刷在室內燈光和環境光的最亮點上疊加暖色和冷色亮光。

20 重疊上漸層色

在圖層的最上方新增「覆蓋」混合模式的圖層，直接用硬度設為 0% 的柔邊筆刷，在室內燈光和環境光的亮光上輕輕疊加漸層效果。這是在模擬空氣中看不見的物質（例如塵埃或水分等）反射光線的感覺，讓空氣也帶有一點色彩。

21 用調整圖層做最後修飾

在所有圖層最上方疊加一個紋理圖層，將混合模式設定為「覆蓋」，「不透明度」為 16%。

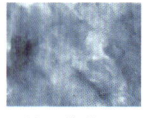

使用的紋理

因為這幅畫給人冷色的涼爽感，所以我疊加了一層處理成冷色的紋理。嘗試改變紋理的色調，就可以改變畫面的氛圍，請務必試試看喔！

Memo
在改變色調時，可以將「色相／飽和度」調整圖層剪裁至「紋理」圖層上，然後滑動「色相」滑桿來變更色調。

將「色相／飽和度」建立成剪裁遮色片

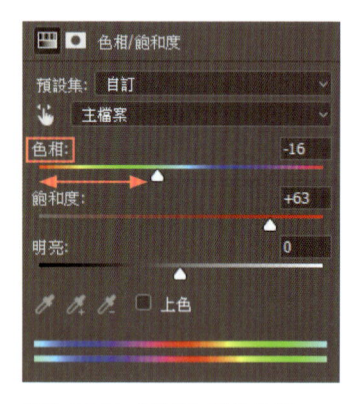

調整「色相」滑桿即可變更色調

Point 1

重要觀念：「繪畫時要注重整體構圖！」

這件事很重要，所以我要再三強調：「繪畫時要注重整體構圖」。當光影描繪到一定程度時，作品的整體樣貌就會開始浮現，接著就可以進行細節的刻畫。如果你先畫細節才回頭調整整體構圖，就會很容易畫失敗，因此我不建議這麼做。當固有色、光影等要素都具備時，就能檢視畫作整體的樣貌，這時再調整主體的固有色，讓它更接近肉眼所見的印象。

Point 2

透光效果

在做細部調整與描繪時，我常加入「透光」效果。描繪植物或人類的皮膚等「生物」時，如果能表現出光線透入內部的效果，就可以展現內部的水分或血液等細節，讓畫面看起來更加生動鮮活。相關的內容可參考第 6 章。

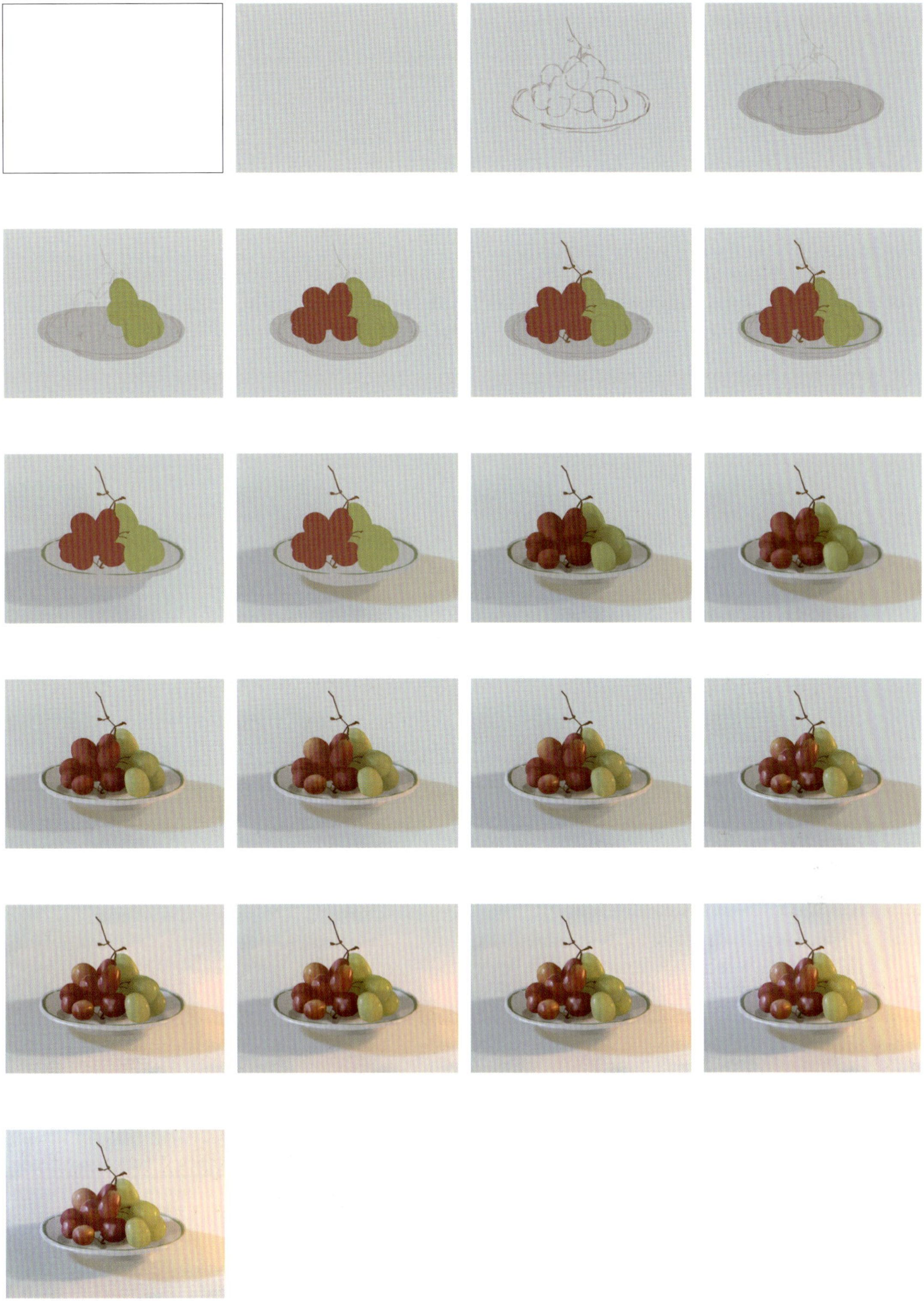

Column 4

溫暖、寒冷的「色溫」

有個專有名詞叫做「色溫」。

當人們看到顏色時，會產生「溫暖」或「寒冷」的感覺，

這種從顏色感知到的溫度就稱為「色溫」。

以紅色和黃色為代表的暖色調，通常被稱為「暖色」。

這是因為像火焰或是太陽等溫暖的物體所發出的光,
看起來都是紅色或黃色調的顏色。
相反地,帶有藍色調的「冷色」容易讓人聯想到冰或水
(嚴格來說是冰或水所反射的天空藍色等)。
人類天生具備「根據顏色來判斷溫暖或寒冷的能力」,
巧妙運用這種能力,即可藉由繪畫將更多的資訊、
作者的主觀感受傳達給觀眾。

顏色是藉由比較來判斷的。也只能透過比較來判斷

要判斷某種顏色是暖色還是冷色，只能透過與畫面中其他顏色的比較，或是與過往自身經驗中的顏色比較來判斷。例如下面這幅畫（業務用的大包裝洗髮精速寫），它的陰影看起來像冷色嗎？光看畫中的陰影顏色好像是冷色，但如果你將這個顏色單獨提取出來觀察，會發現它其實比較接近暖色。

這是因為「當畫面中有比陰影更暖的顏色，陰影相較之下看起來就比較像冷色」。

如果光從「顏色的名稱」來思考，這種畫法會相當困難，因為光從顏色名稱來看，這個提取的陰影顏色接近於「灰色」、「褐色」。「考慮到與其他顏色的關係後，這個顏色看起來偏冷色，所以要用這個顏色」這種思考方式實在太複雜了，連我也辦不到。

那我是怎麼畫的呢？我觀察速寫的主體時，我是「把陰影顏色跟洗髮精包裝裡的液體與周圍的地板比較，它看起來更冷更暗，所以就選這個顏色」，我是以這種想法來畫的。選好顏色後，如何調配出這種顏色是另一個難題，不過電繪的好處在於，選擇顏色之後還有多種方式可以變更，不妨善加利用。

重點在於「與畫中其他地方比較，看起來像冷色」、「看起來比較暗」。只要符合這種關聯性，即使和實體的顏色不同，畫作依然可以成立，並且足以與觀眾溝通交流。

業務用的大包裝洗髮精速寫

色相環、色彩範圍

你應該聽過「色相環」吧？就是那種把顏色環繞一圈的圖。看了色相環，會更容易理解我們前面一直在講的色彩用法。例如在眾多顏色當中，黃色附近的顏色看起來會比其他顏色明亮。相反地，藍色和紫色附近的顏色看起來會比較暗。

透過色相環也比較容易理解「色彩範圍」。舉例來說，檢視色相環，會比較容易理解「藍色」並不是指某個特定的顏色，而是要視為一個「範圍」。

我主要以「暖色」和「冷色」來區分顏色，但在這些範圍中，我還會進一步以「哪些顏色會給人成熟的感覺？」「哪些顏色讓人感到溫柔？」「哪些顏色會讓人感到恐懼？」等「氛圍、感覺」的角度來思考顏色。我認為這種「感覺」最為重要，因為當人們在欣賞畫作時，最主要的資訊來源就是畫作給人的「印象」。因此，我選用的顏色會根據想要表達的畫作印象而改變，只要能夠成功營造出我想要的某種印象，用任何顏色都可以。這樣思考的話，在與他人合作時，容許範圍也會變得更廣。例如要創作「歡樂氛圍」的畫作時，使用到的顏色會因人而異。然而，既然我們擁有相同的身體構造，生活在相同的環境中，「歡樂氛圍」必然會有一些共通之處，只要這部分一致，使用任何顏色應該都沒問題。以這種心態來工作，其他藝術家或許也會帶來一些超乎預期的東西，甚至能超越自己的想法。這樣的瞬間是與他人合作時最開心的時刻。為了遇見這樣的瞬間，我特別想和他人一起工作，並試著以突破自己既定思考的方式來創作。

如果能遇到與自己感覺完全不同的人，那樣也是一種收穫。總之，我認為保持「範圍」的彈性是很重要的。對於顏色也是如此，不執著於特定的顏色，而是以「色彩範圍」的角度來看待，這樣會更能享受繪畫的樂趣，也可以讓生活變得更輕鬆。

不同顏色的明度會有差異。黃色的明度比較高，而藍色和綠色的明度比較低。每種顏色都帶有獨特的印象，利用這些印象可以增加畫作要傳達的資訊量。

Chapter 4

最亮點的秘密

用生雞蛋觀察光源的鏡面反射

這一章我們要畫生雞蛋。
把生雞蛋畫出來的效果很棒,會成為吸睛的亮點,我非常推薦大家畫畫看。

如果要問為什麼,我想是因為蛋黃上有「最亮點(highlight)」。
最亮點就是「光源的反射點」。
更準確地說,這是一種稱為「鏡面反射」的反射
(鏡面反射的反義詞是「漫反射 / 漫射」)。
當光源的光照射在物體上並產生強烈的反射時,
反射區域會變得特別明亮,幾乎接近白色。
最亮點的亮色,會在畫中形成強烈的明暗對比,
因此成為畫作中最吸引視線的部分(視覺焦點),
讓畫作變得更引人注目。
因此我們在描繪生雞蛋時,
也要隨時注意到它的最亮點是「光源的鏡面反射」。

我畫完這張以後，就把這些蛋拿去做玉子燒了

觀察主體所在的環境

暖色光
※ 室內燈光

光源

這裡因室內燈光而變亮

最亮點（室內燈光的反射）

光源

冷色光
※ 來自窗外的環境光

桌面的陰影是冷色
明亮的部分是暖色

最亮點
（環境光的反射）

因環境光而變亮

這次我們要畫的是生雞蛋，照片中的情境是把生雞蛋放在容器中。你有注意到來自畫面右上方的暖色光源嗎？
整個主體都呈現暖色調，讓人很容易感覺到「被暖色的光照射著」。此外，畫面左下方有容器投射在桌面的陰影，表示右上方有被光線照射。桌面的明亮區域呈現暖色，陰影相較之下呈現冷色，因此我們可以判斷來自畫面右上方的光為暖色光。

此外，畫面右側蛋白與容器接觸的地方也有冷色的明亮處，這是窗外天空的鏡面反射，也就是最亮點（這個最亮點其實不是藍色，但與周圍的顏色比較後判斷為冷色）。
來自畫面左側窗外的冷色環境光，微弱地照在畫面右側的容器上。雖然很難察覺到明顯變亮或是顏色的變化，即使是微妙的差異，只要有描繪出來，就能在畫作中感受到光源的影響，這是很重要的。

試著畫畫看吧

1　決定畫布的尺寸

「想要把蛋黃畫得很大」，我是從這個角度來構思這幅畫的構圖。在這個構圖中，如果把蛋黃的中心點連接起來，會呈現正三角形，因此我認為若畫布是正方形，構圖會更好看，這點稍後我會詳細說明。目前將畫布尺寸設定為 3500px × 3500px、解析度為 150dpi。

2　替畫布填滿底色

建立新圖層，用「正常」混合模式填入底色。畫面中面積最大的是裝有生雞蛋的容器，因此底色就選擇接近容器固有色的顏色。

3　描繪線稿

將想好的構圖描繪成線稿。在這個構圖中，把蛋黃的中心連接起來會呈正三角形，外側則是蛋白構成的正圓（如下圖）。我認為將畫布統一成正方形，可以形成更漂亮的構圖。

Memo
構圖時用形狀的組合來思考，會更容易畫出良好的構圖。

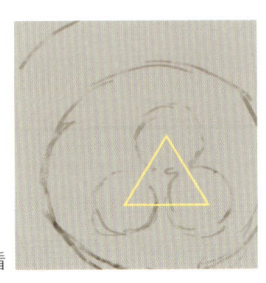

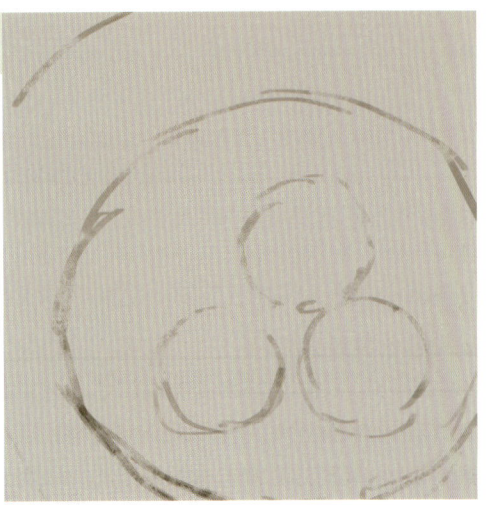

思考怎麼構圖更好看

4 塗上容器的固有色

以「正常」混合模式塗上容器的固有色。

5 塗上蛋白的固有色

以「正常」混合模式替蛋白上色。由於蛋白的部分比線稿的範圍更大,因此我畫成大一圈的樣子。

Memo
我的線稿都只是大概的參考,如果感覺比例不太對,我會在上色時加以調整。

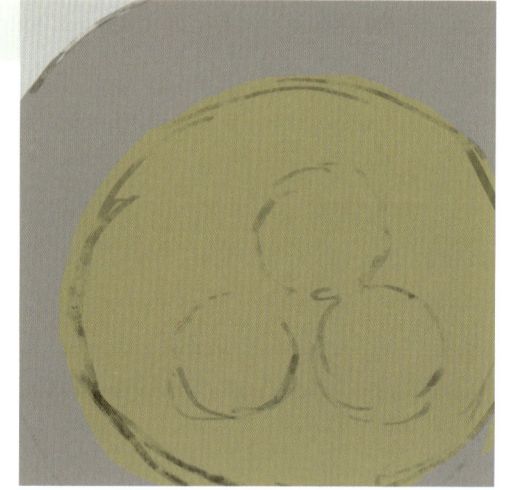

6 塗上蛋黃的固有色

以「正常」混合模式替蛋黃上色。我感覺蛋黃的黃色比蛋白的飽和度更高且更偏暖色,就用這樣的顏色上色。但是如果飽和度過高,之後疊加調整圖層時可能會太鮮艷,因此有稍微降低飽和度。 ➡ Point 1

Point 1
固有色的挑選方式

固有色的明度與飽和度建議稍微降低一些。因為之後要降低飽和度比較困難,不過提高飽和度則相對簡單。飽和度之後都可以隨時調整,這是數位繪圖的優勢。

7　描繪陰影

完成固有色的上色後,就將線稿圖層設定為隱藏。建立新圖層替整體繪製陰影,陰影使用「色彩增值」混合模式,並選擇偏暖色的顏色。我認為使用冷色可能會使顏色變混濁,因此用暖色來畫。這裡是替陰影與亮光的圖層都設定圖層遮色片,再利用擦除遮色片的方式來畫(請參照 P.22)。

8　描繪容器上的暖色光

畫面的右側有室內燈光打過來的暖色光,因此使用「覆蓋」混合模式,在畫面左側的容器添加暖色。

9　描繪容器上的冷色光

畫面左側有來自窗戶的環境光照進來,使畫面右側的容器被冷色光照射而變亮,因此使用「覆蓋」混合模式,在畫面右側添加冷色。

Memo
環境光是接近天空的顏色,由於當天是晴天,因此天空是略帶藍色的冷色調。

10 在生蛋上描繪反射室內燈光的最亮點

在蛋黃與蛋白上面,描繪反射暖色室內燈光而出現的最亮點。最亮點是使用「濾色」混合模式,因為光源為暖色,因此選用暖色來畫。 ➡ Point 2

Point 2
最亮點是光源的鏡面反射

最亮點是光源的鏡面反射,因此亮點的顏色會「根據光源的不同」而改變。

11 在生蛋上描繪反射窗外光線的最亮點

在蛋黃與蛋白上面,描繪從左側窗戶照進來的鏡面反射(最亮點)。當天外面是晴朗的藍天,因此是描繪冷色的最亮點。

Memo
這就是一個反射顏色會隨反射來源而改變的好例子。

12 描繪蛋白與容器接觸區域的反射

接著要畫蛋白與容器接觸的邊緣,這裡有點厚度。這次是使用「覆蓋」混合模式來畫。 ➡ Point 3

Point 3
貯光

透明物體上具有厚度的部分,由於折射的影響,往往會顯得更亮。我將這種現象稱為「貯光」。

13 在容器上描繪反射室內燈光的最亮點

在容器上的左上方用「濾色」混合模式描繪最亮點。由於雞蛋的反射率比容器高，因此容器上的最亮點要畫得比雞蛋的最亮點稍微暗一些。

14 在蛋黃上添加反射影像

在蛋黃上面隱約畫出一點天花板的反射影像。因為是反射光，所以使用「濾色」混合模式。

15 更加強調蛋黃的最亮點

用肉眼觀察主體時，蛋黃的最亮點十分醒目，因此使用「覆蓋」混合模式，在最亮點添加暖色來強調。

Memo
在調整圖像時經常用到「覆蓋」混合模式，但如果過度使用會使飽和度過高，建議節制使用。

16 在蛋白上添加反射影像

在蛋白上隱約畫出天花板的反射。因為是反射光,所以使用「濾色」混合模式來畫。

17 更加強調環境光

現在畫面右側的容器上,環境光的冷色看起來更加明顯了,因此使用「覆蓋」混合模式,繼續添加冷色來加強藍色環境光。

18 提高蛋黃的飽和度

觀察主體之後發現蛋黃的黃色十分醒目,為了加強這種黃色的印象,使用「覆蓋」混合模式疊加暖色,以提高飽和度。 ➡ Point 4

Point 4
調整整體的飽和度

要提高畫作整體的飽和度時,可以使用「調整圖層」,如果只需要針對局部做處理時,則可以使用「覆蓋」混合模式疊加顏色來提高飽和度。

19 使用色階調整圖層讓整體變亮

透過「調整圖層」的「色階」將畫面整體稍微變亮，使畫作的印象更為明亮。「色階」調整圖層的用法如前面所述（請參照 P.52），將滑桿右側的三角形往左邊移動即可。

20 進一步強調蛋黃的反射亮點

使用「濾色」混合模式來疊加蛋黃上面的最亮點，可讓它們變得更亮。

21 疊加紋理

使用「覆蓋」混合模式疊加紋理，並且將該圖層的「不透明度」設定為 20% 左右。疊加紋理後可營造類似手繪的筆觸質感，使整幅畫作看起來細節更豐富且更有吸引力。

使用的紋理

Memo
紋理的顏色可以依畫作需要調整。在這幅畫中，是將紋理調整為能讓蛋黃的暖色顯得更美的顏色。

Chapter 4 最亮點的秘密

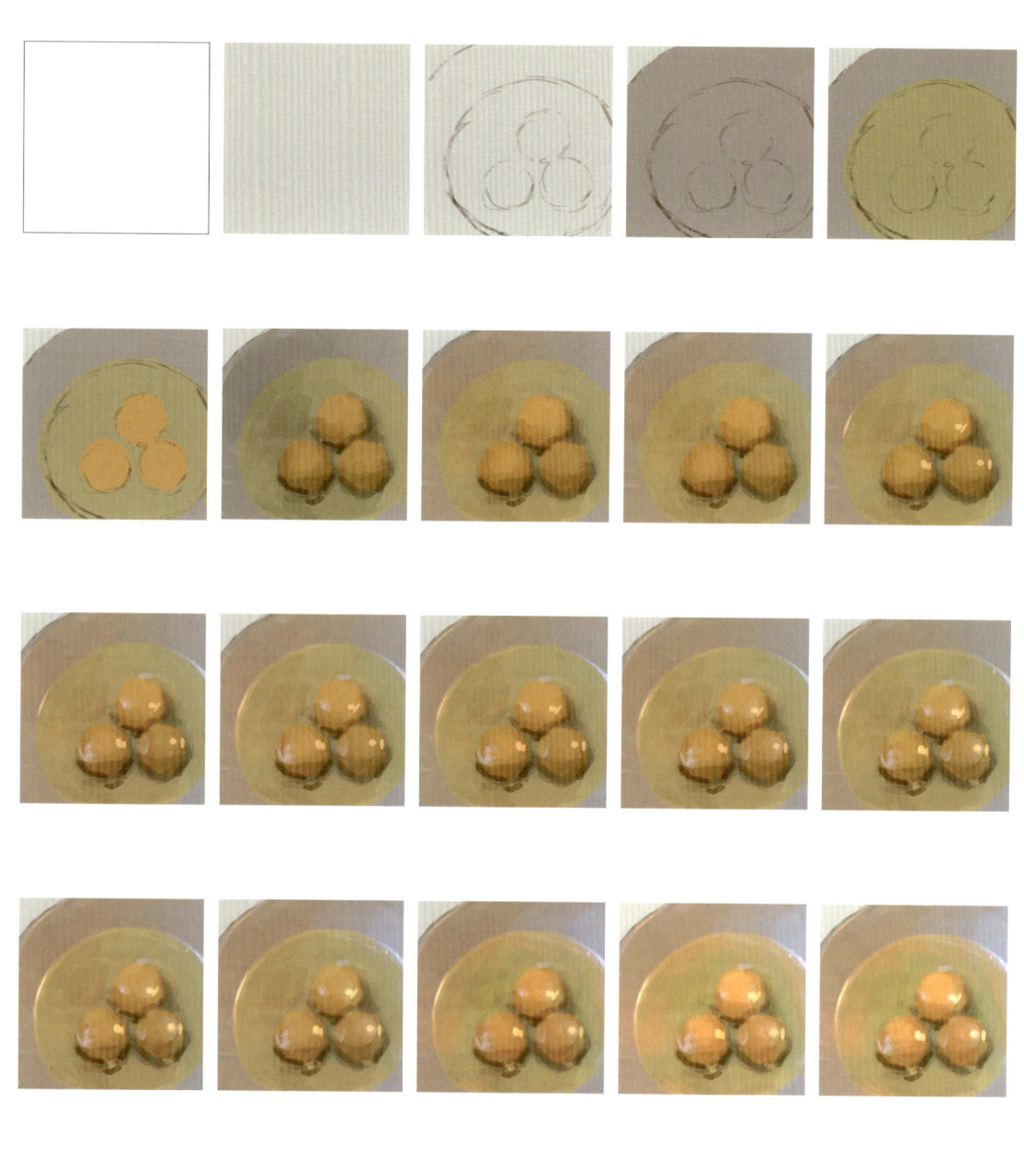

Column 5
會畫最亮點＝能夠理解明度的差異

你是否有過這樣的經驗，在白色物體上描繪最亮點，
卻因為「在白色上疊加白色」而畫不好？
物體上的最亮點通常是「光源的鏡面反射（未擴散的反射）」，
基本上，物體的亮度不會比光源更亮。
太陽或燈泡等光源發出光，而物體透過反射這些光線而變得可見。
基本上，光源就是最亮的，而受光後變得可見的物體，
也會比光源鏡面反射的最亮點更暗。
尤其是白色的物體，如果你無法理解上述的明度原理，
就很容易畫不好，因此描繪的難度特別高。

物體被光源照射並且反射光，才讓人眼能夠看見它。光的特性是被反射後亮度會減弱，所以光源會比白色的物體更加明亮。
如果這樣想的話，應該能夠理解白色的物體應該要畫得比光源更暗，對吧？
理解這些原理後，當你要描繪這種效果時，即使一時之間可能還是很難畫得很好，但是你應該會覺得比以前更容易掌握明度了。

學習新知可以讓我們的眼界變得更廣。瞭解明度原理後再去觀看這個世界，可能會產生不同的觀點，也讓日常生活變得更加有趣。如果有發現任何有趣的事物，不妨試著把它畫下來吧！

即使物體的固有色就是白色，觀察後會發現它的顏色並不是白色，明度也會比光源暗很多，而直接反射光源的地方就是最亮點。因此畫白色物體的難度比較高，如果不了解明度，就會很難畫得好。

Column 6

理解明、暗的意涵

透過控制整幅畫作中明暗面積的多寡，
可以創作出更容易傳達給觀賞者的作品。
例如明亮的面積較多，可塑造出具有明快感的畫作；
暗色的面積較多，則會營造出具有陰暗感的畫作。

我認為相較於技術層面的明度，這種「賦予視覺印象的明度」本質上對作品的「表現力」更加重要。
例如想表達自己陰鬱的心情時，如果手邊有蠟筆和畫紙的話，我想應該會用黑色蠟筆在畫紙上胡亂塗抹；若要表達開心愉悅的心情時，可能會握著黃色或藍色的蠟筆，像在跳躍般地塗滿畫紙。
與其談論技術層面的明度，上述這種表現層面的明度反而更重要，因為繪畫和語言一樣都是「溝通工具」，所以比起繪畫技巧的好壞，我認為如何將畫作的意涵傳達給觀者是更重要的。我能肯定地說，能夠畫出具傳達力的畫作，對創作者來說是更有價值的。
不過，瞭解知識、技術層面的明度，就能提高用繪畫與他人溝通的可能性，因此也非常重要。這就是為什麼我會在本書中傳授技術，本質上仍是要引導你思考，你想透過畫作來傳達什麼？想運用這些技術來做些什麼？思考這些事情很有價值而且很重要，而學到技術可以深化思考、拓寬視野，因此本書在傳授技術時，會優先考量到「表現手法」。我認為各位如果能夠對繪畫和表現有更深入的想法，或許就會更接近那個更美好的世界吧。

上圖・把明亮的部分調得更亮的畫。比起下圖，感覺會更有活力而且感覺明快。

下圖・把明亮的部分調得比上圖更暗，明暗對比降低的畫。會給人一種比上圖更靜謐的感覺。

Chapter 5

固有色和光源色

顏色多的東西不太好畫

本章我們要挑戰畫「顏色很多的東西」。
本書中介紹過許多數位繪圖特有的畫法，
其中有個步驟是「用固有色填滿主體」
這個技法稱為「平塗」(Block-in)。

要描繪顏色很多的主體時，
塗固有色（平塗）的步驟會比較花時間，
而且在挑選固有色和上色時都會比較麻煩。
特別是像本章要畫的「工業製品」，它具有複雜的形狀，
要畫得毫無違和感是很有難度的。

然而，只要你能細心地完成這些步驟，
最終完成的畫作也會非常出色。
讓我們一起來挑戰這個顏色很多的主體，
鍛鍊繪畫必備的「耐心」吧。

塑膠玩具上有很多自然界所沒有的不自然色彩，用這個作為主體會很有趣

觀察主體所在的環境

反射**室內燈光**的最亮點
反射**日光燈**的最亮點
每一顆球體上都有

光源

光源

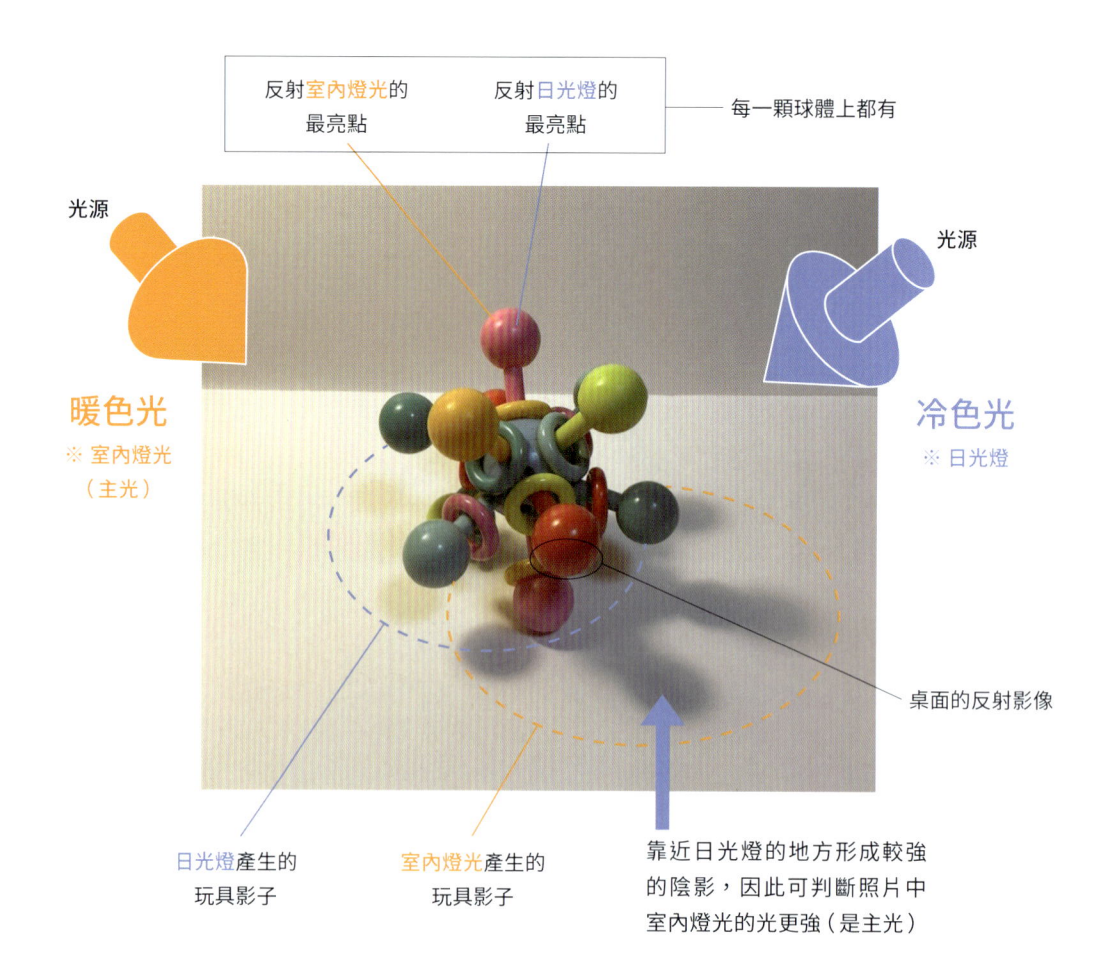

暖色光
※ 室內燈光
（主光）

冷色光
※ 日光燈

桌面的反射影像

日光燈產生的玩具影子

室內燈光產生的玩具影子

靠近日光燈的地方形成較強的陰影，因此可判斷照片中室內燈光的光更強（是主光）

這次要描繪的主體是一個色彩鮮豔的玩具（工業製品）。畫面中有冷色和暖色光源，冷色的光源是日光燈，日光燈是偏白的光，因此在與其他光源比較時，會被當作冷色。接著觀察主體的影子，會看到畫面右側地面的影子非常明顯，而左側遠處的影子則比較模糊。畫面右側的影子往鏡頭前延伸，因此可推測畫面左前方應該有造成影子的光源；

該光源所造成的右側影子看起來顏色很深、輪廓很清楚，表示這個光源的光更為強烈。從這個例子可知，比起主體上的陰影，我更常用主體的影子來判斷光源方向，不過我想每個人都有自己最容易理解的觀察方式。你也可以思考一下，對自己而言「觀察什麼可以更容易判斷主體周邊環境的狀況」。

試著畫畫看吧

1 決定畫布的尺寸

為了專注描繪這個主體（塑膠玩具），我決定採取簡單的構圖以及正方形的畫布。畫布尺寸設定為 3500px × 3500px、解析度為 150dpi。

Memo
採用正方形的構圖也方便上傳到 Instagram 分享。

2 替畫布填滿底色

建立新圖層，用「正常」混合模式填滿底色。為了將重點放在「描繪亮光」，我將底色填滿陰影色之類的深色。接下來要處理的光源，包括來自畫面左側的室內燈光（暖色），以及來自畫面右上方的日光燈（冷色）。

Memo
畫布的底色要用亮光處的顏色或是陰影處的顏色都可以，重要的是貼近自己的感覺。有空的話不妨兩種都試看看。

3 描繪線稿

接著就來描繪線稿。這個玩具的形狀非常複雜，因此先畫線稿來捕捉大概的輪廓。將球體外圍連起來，會形成一個六邊形的輪廓，所以我先畫出外側的六邊形輪廓，然後畫中心的球體，最後再畫外側的小球體。 ➡ Point

Point

工業製品的規律性

雖然這個物體看起來形狀很複雜，但工業製品的造型通常會有「規律性」，所以只要先畫出外側近似六邊形的大圖形，再畫其中的小圖形，就能輕鬆掌握形狀。

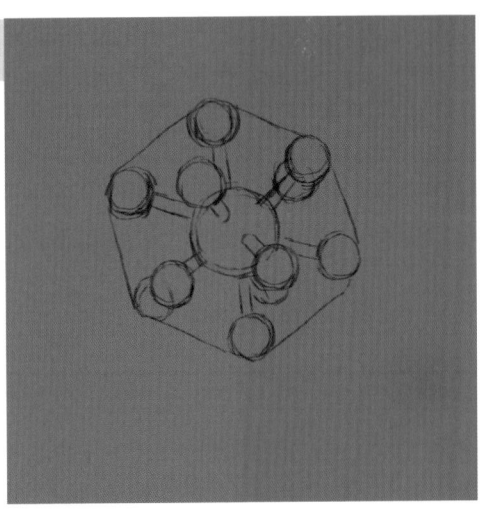

4 塗滿單一固有色來捕捉輪廓

這裡我要先用一個固有色來塗滿整個輪廓,讓主體更加清晰。請將線稿的「不透明度」設定為 45%,並且在步驟 3 畫好的線稿圖層下方新增一個圖層,然後用固有色塗滿整個輪廓。由於主體中央球體的青綠色看起來很醒目,因此用這個顏色來塗滿。

5 塗上每一種固有色

接著替其他顏色(固有色)分別新增圖層並建立剪裁遮色片來上色。這個步驟需要多一點耐心。

Memo
這裡將每個顏色分別配置在不同圖層,以便後續可以個別修改顏色。你也可以先在畫面上配置顏色,然後再調整至符合的顏色。能夠隨時變更並調整顏色是數位繪圖的優勢。

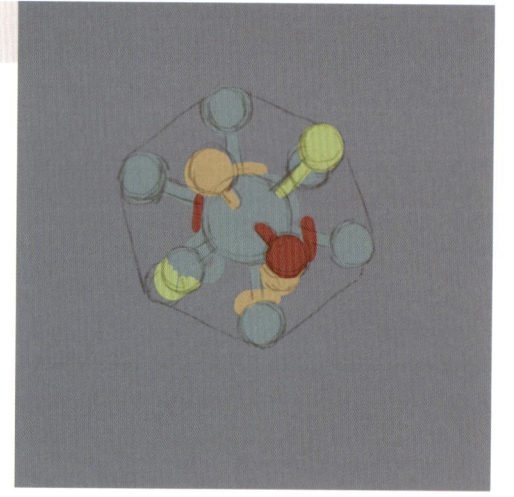

6　描繪地面的亮光

完成固有色的上色後，將線稿圖層設為隱藏。再來要描繪照在地面的亮光，基本上是使用「覆蓋」混合模式來畫。由於有來自畫面左上方的暖色室內燈光照射，因此用「覆蓋」混合模式添加暖色。這次是以陰影色為底色，因此在暖色燈光照到的地板，我是用擦除遮色片的方式上色。比照之前的方法，陰影和亮光都是先替顏色圖層設定圖層遮色片，然後以擦除遮色片的方式來畫（請參照 P.22）。

7　描繪主體上的陰影

新增一個混合模式為「色彩增值」的圖層並設定圖層遮色片，用來描繪主體的陰影。請將陰影圖層剪裁至主體的「固有色」圖層上（請參照下圖 ①）。

Memo
本例的主體造型複雜，而且光源來自畫面左上方，因此要小心地仔細描繪。這部分同樣需要耐心去完成。

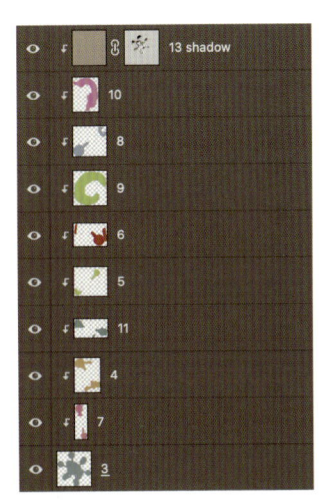

① 各種顏色的固有色以及陰影都剪裁至主體的「固有色」圖層上

8 在主題上描繪暖色光

新增混合模式為「覆蓋」的圖層並設定圖層遮色片，用來描繪暖色的亮光，塗抹每個球體上明亮的部分。

Memo
「覆蓋」混合模式會受到下層圖層顏色的影響，因此陰影與亮光重疊處的顏色會產生些許變化，可以讓畫面中的顏色更豐富，看起來更有層次。

9 描繪主光所產生的最亮點

加上暖色主光（室內燈光）的反射，也就是最亮點。最亮點是光源的鏡面反射，因此用「濾色」混合模式來畫。由於光源是暖色，因此用暖色描繪。

10 描繪反射日光燈產生的最亮點

由於畫面右上方有冷色光（日光燈），因此冷色的最亮點一樣也用「濾色」混合模式來畫。由於光源是冷色，因此用冷色描繪。

11 描繪主體下緣的地面反射影像

在每個小球的下緣畫出隱約可見的地面反射影像。因為是鏡面反射，所以用「濾色」混合模式來畫。

12 描繪日光燈所造成的投射陰影

在主體的左下緣，用「色彩增值」混合模式畫上淡淡的陰影。這是右上方的日光燈光源所造成的陰影。

13 添加微妙的色彩變化

使用「覆蓋」混合模式來增添微妙的色彩變化。這裡主要是為了強調來自畫面左上方的暖色光，因此替主體的明亮處疊加暖色。此外，為了強調最亮點，使用「覆蓋」混合模式，在最亮點的周圍以筆刷增添暖色，也可以表現出光的擴散效果。

Memo
為了強調想突顯的部分而仔細描繪，這是展現技巧的地方。

14 疊加紋理

在所有圖層的最上方疊加一個紋理圖層，並且將「不透明度」設定為 15%，替畫面增添手繪質感。

使用的紋理

15 使用調整圖層來潤飾

在所有圖層的最上方，疊加一個「色階」調整圖層。將畫面整體調亮，以免畫面變得過暗，就完成了（請參照下圖 ①）。色階的調整方法與之前相同，只要將最右側的三角形稍微向左滑動，就可以提高畫面整體的亮度（參見 P.52）。

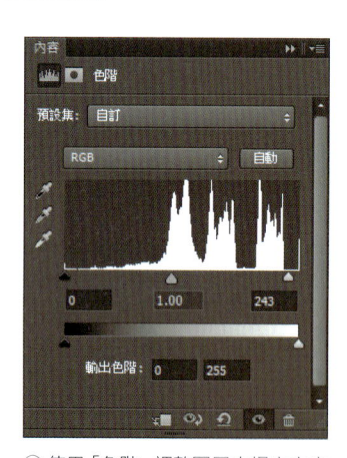

① 使用「色階」調整圖層來提高亮度

660

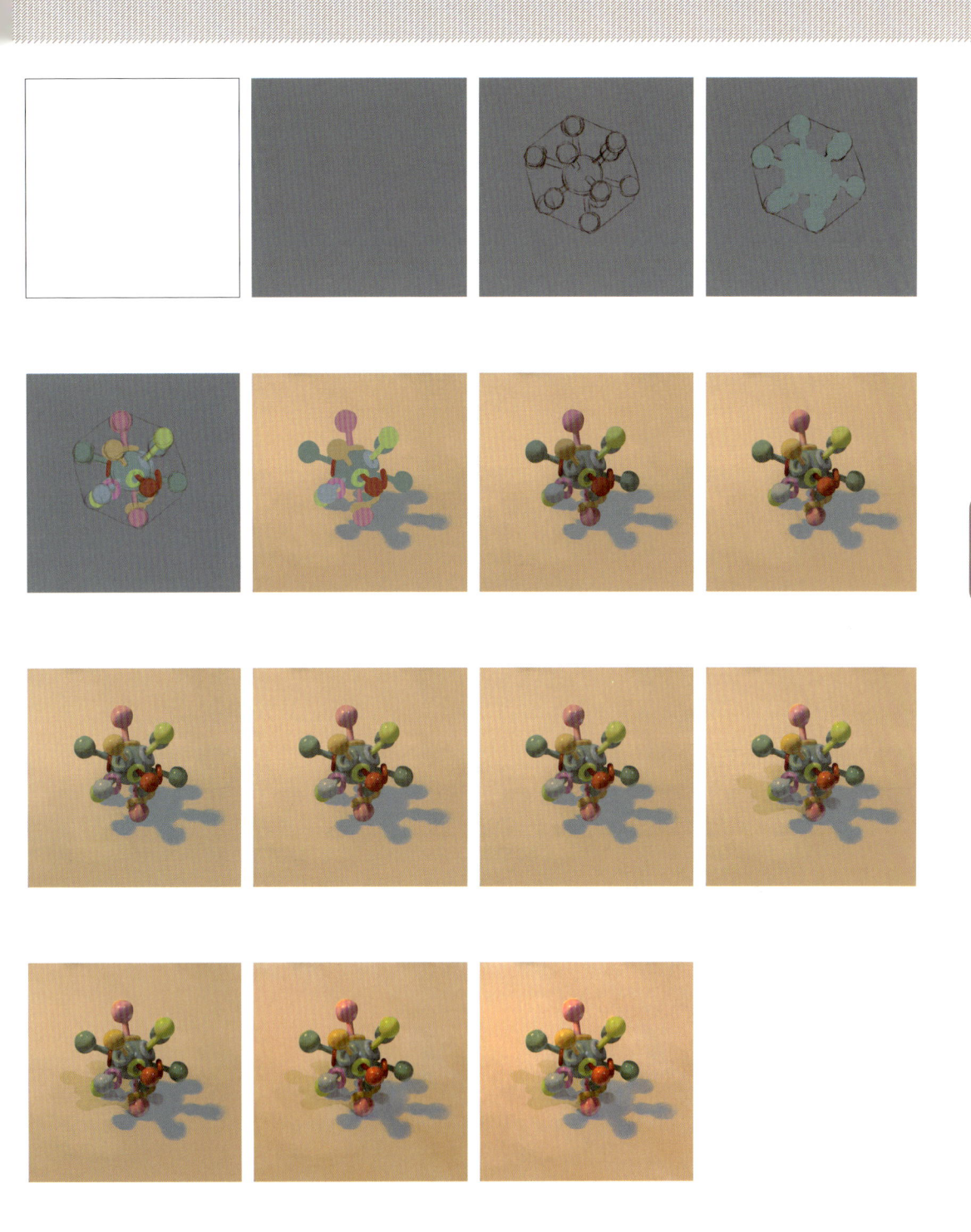

Column 7

人們看到顏色時有什麼感覺？

顏色有神秘的力量。
婚禮或喪禮的儀式上，會選擇花束來贈與他人，
或許是因為花朵有鮮豔的色彩。
此外，雨過天晴時仰望天空，如果看到彩虹，就會感受到希望。

常有人說「世界看起來鮮豔美麗」，
也有人說「世界看起來黯然失色」。
自古以來，人類就意識到顏色對情感有強大的影響，
並且會藉由顏色來表達自己所見的世界與情感。

最重要的是，無論是儀式、祈求、希望或悲傷，
人們的情感被觸動時，色彩總是伴隨在側。
當我們思考自己看到某種顏色時的感受，
或是想用什麼顏色來表達某種情感時，
繪畫技術就是為了幫助我們表達這些感受。

我一直是以鑽研繪畫技術為優先，
過了很久才開始思考這些重要的事情。

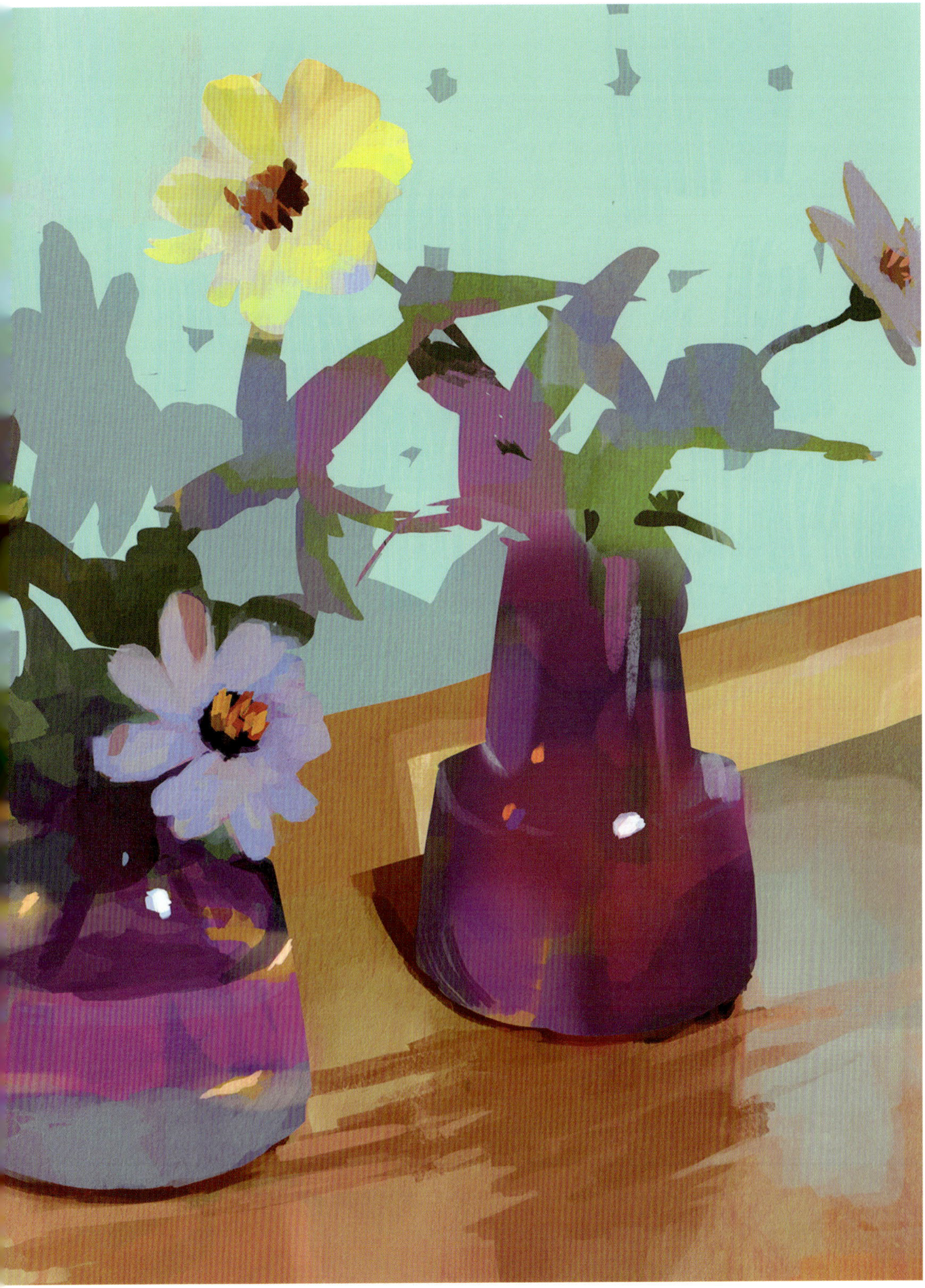

色彩是什麼？

那麼，為什麼我們能看到東西呢？這是因為光進入了我們的眼睛。能看到東西就一定有光的存在。要看到顏色，需要有眼睛、光，以及能反射光的物體。隨著進入眼睛的光的差異，所見的顏色也會有所不同。

每個物體對光的反射都不同，而這種反射的差異正是不同顏色的成因。例如，看起來是藍色的物體，表示它更容易反射藍光；至於看起來是黃色的物體則是更容易反射黃光，因此我們看到的顏色就會有所不同[※]。

[※] 其實我也沒有那麼深入去研究科學角度的色彩理論，但我認為對色彩原理必須有所認知，這點是很重要的。我覺得至少先理解到這個程度的基本概念會比較好。

夕陽和朝陽為什麼是紅色的？

舉例來說，夕陽看起來會接近暖色、紅色，是因為當太陽接近地平線時，空氣中的灰塵和水分等因素會影響到達我們眼睛的光線，導致光線逐漸減弱。

光線中包含許多顏色，而最後剩下的是紅色的光，因此夕陽看起來是紅色的。

傍晚時，物體的受光處看起來比白天時對比更柔和，並呈現偏紅的色調，是因為從太陽到達光線照射處的距離變得更遠，並且受到遮蔽物的影響，使得光線減弱的緣故。

朝陽的現象也幾乎相同。但對我來說，早晨和傍晚的空氣感仍有些許不同，或許是因為早晨空氣中的廢氣比傍晚少，或者是白天的暖空氣引起的，以上也可能完全是我個人的主觀感受所致。

不過，正是這些差異，造就了每個人視點的不同與畫作的差異，並且能為其他人帶來新的發現。因此，我認為在作品中積極地表現這些差異也很好。

我們眼睛所見的光其實包含許多顏色

色彩名稱帶來的刻板印象

大部分色彩都有名稱。然而，自然界中存在的顏色並沒有明確地分為幾種，而是在看似無限的漸層色中形成無數顏色。在這無數的色彩中，有被賦予名稱的顏色其實很有限。舉例來說，即使人類的膚色會隨著居住地區的不同而異，但血液的顏色始終都是紅色。原因可能很多，但從這點可以推測，不論在哪個地區，用「紅色」表現血液顏色的用法應該很早就出現了。

用「黑色」表現黑暗的用法也很重要，由此可知，其他在生物學上很重要的顏色，應該在早期就擁有了名稱。

隨著歷史的發展，顏色被賦予了各式各樣的名稱。然而，到了現代，「色彩名稱」這個「概念」反而可能會成為我們繪畫時的阻礙。例如市面上有標示著「水藍色」或「檸檬黃」名稱的顏料，但是從水龍頭流出來的水不是水藍色的，而用檸檬黃來畫檸檬時，也無法完全準確地表現出它的色彩。這是因為這些顏色名稱並非真正反映出物體本身的顏色。這很奇怪對吧？然而，我們在成長的過程中漸漸記住了各種顏色的名稱，並形成了刻板印象，例如「樹幹是褐色、樹葉是綠色」等。除非經過訓練，否則我們在畫樹木時仍然會習慣性地使用這些顏色。

要降低這種對「色彩名稱」的刻板印象其實是非常棘手的，需要透過訓練去慢慢解除。請仔細觀察，現在眼前的這棵樹或木材真的是所謂的褐色嗎？這張木桌也許更接近所謂的橙色或黑色吧？人類的認知將會改變我們看世界的方式。透過素描與觀察，我們得以重新認識這個世界。

色彩名稱代表「色彩的範圍」

為了打破上述提到的色彩名稱所造成的刻板印象，我建議將色彩名稱當作「某個範圍的色相」而非「某個特定顏色」會更容易理解。

舉例來說，「綠色」中包含偏暖色的綠色，也有偏冷色的綠色，這說明「綠色」這個詞本身就涵蓋了不同的範圍。有了這種認知，

或許你心中對顏色的概念就能夠靈活運作，進而成為自由運用各種色彩的契機。人們會替重要的事物命名，顏色或許也是出於重要的理由而獲得命名。然而，我們作畫的動機與替顏色命名的動機並不相同。名稱就像是一個強大的咒語，讓人難以擺脫它的束縛，而繪畫或創作正是試圖從這些束縛中掙脫的行為。重要的並非色彩的名稱，而是顏色在畫面中產生的效果。所以從你的用色方式，說不定也能讓你找到你專屬的色彩名稱。

Chapter 6

光的透射（次表面散射）

畫出透亮感可營造生動鮮活的感覺

你是否有過這種經驗：把手舉向太陽、發現逆光的手掌變得紅紅的？
當光線照在生物或生鮮上面時，
光線會穿透表皮、在它們的內部散射，再到達我們的眼睛。
此時，它們內部的顏色會顯得格外鮮豔。
這種現象就稱為「次表面散射」。

例如水果、葉子、人的手和耳朵等，在透光看時都會發生這種現象。
共同的特質是表皮夠薄，並且具有允許光線穿透的密度，
否則在物體內部散射的光就無法向外射出。

本章要畫的是西瓜。由於西瓜的果肉內部空隙較多，
因此大量的光可以從內部散射到外部，並到達我們的眼睛。
描繪生物或生鮮時，如果能表現出這種「次表面散射」的效果，
就可以畫出栩栩如生的作品。

生鮮食品因為容易透光，所以拿來當作繪畫題材的效果會很好

觀察主體所在的環境

光源

冷色光
※ 來自窗外的
環境光

照在西瓜上的
冷色光的部分

光源

暖色光
※ 室內燈光

照在容器上的
環境光

照在容器與西瓜產生
的陰影上的 環境光

室內燈光
直接照射的光

室內燈光造成的
容器與西瓜的陰影

被環境光照射的
西瓜顏色

陰影部分的
西瓜顏色

透光處的
西瓜顏色

被室內燈光照射的
西瓜顏色

這次要畫的主體是西瓜。即使都是畫西瓜，整體印象也會隨切塊和擺放方式而改變。
我想起 Instagram 上讓人印象深刻的照片，因此採用類似的構圖。像這樣將日常所見的事物活用到創作中，觀察日常時會更有趣。本書中特別聚焦於「光」來作畫，所以這次也選擇了兼具暖色光與冷色光的環境。當有多種不同光源時，即使是描繪相同的主體，顏色看起來也會有所不同。

這次主體的特色，是有來自畫面右側的暖色室內燈光「穿透」西瓜，使部分西瓜的顏色看起來改變了。畫面左側也有環境光照射在西瓜的左側表面，但透光並不明顯。這兩者的差異在於室內燈光是「逆光」照射西瓜，逆光是指「光線從主體背後照射的狀態」。當光線從主體的背後照射時，會更容易觀察「透光」的效果。這一章就讓我們一邊注意透光的效果一邊作畫吧！

試著畫畫看吧

1　決定畫布的尺寸

為了讓西瓜成為畫面的視覺焦點，我設定了正方形的畫布，打算將西瓜放大並塞滿畫面，這樣的構圖最吸睛。畫布尺寸為 3500px × 3500px、解析度為 150dpi。

2　替畫布填滿底色

建立新圖層，用「正常」混合模式填滿底色。後續要描繪暖色的光，因此底色選擇稍微深一點的冷色。

Memo

為了凸顯「明亮（光）」，就要選擇深一點的底色。同理，如果要凸顯暖色的光，就必須搭配冷色的背景。

3　描繪線稿

描繪主體的線稿。我將西瓜尖端的頂點配置於畫面上方的中心處，在正方形的畫布上形成一個大大的正三角形構圖（請參照下圖①）。

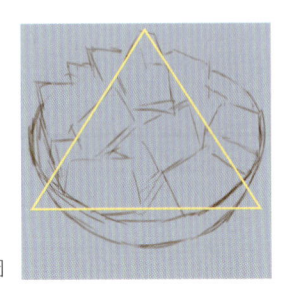

① 正三角形的構圖

109

4　描繪地面的暖色光

在地面上描繪暖色光。使用「覆蓋」混合模式描繪，並將色調稍微調亮一點。陰影與亮光的畫法，都是替顏色圖層設定圖層遮色片，以擦除遮色片的方式來畫（請參照 P.22）。

5　描繪容器的固有色

使用「正常」混合模式來描繪容器的固有色。這次我選擇比實物的固有色稍微深一點的顏色來畫，因為稍後會加上最亮點，如果固有色使用過亮的顏色，之後可能會很難調整。

Memo
為了凸顯亮光，固有色的顏色建議暗一點，效果會更好。

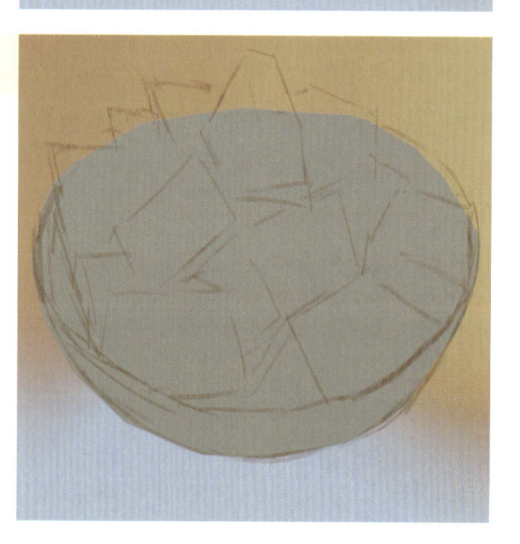

6 描繪西瓜的固有色

使用「正常」混合模式,塗上西瓜的固有色。

Memo
花卉或果實等植物類的顏色,由於看起來感覺鮮豔,因此很容易被畫成太過鮮豔的顏色,使畫作的整體印象欠佳。建議在畫這類主題時,固有色可以選擇彩度低一點的顏色。

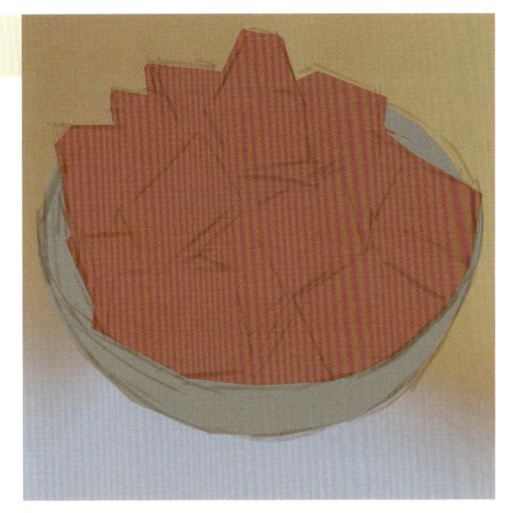

7 在地面上添加室內燈的暖色光

畫到這邊,觀察整體狀態時,我覺得畫面的右上方缺少暖色光(室內燈),所以用「覆蓋」混合模式,在地板上添加了暖色的亮光。

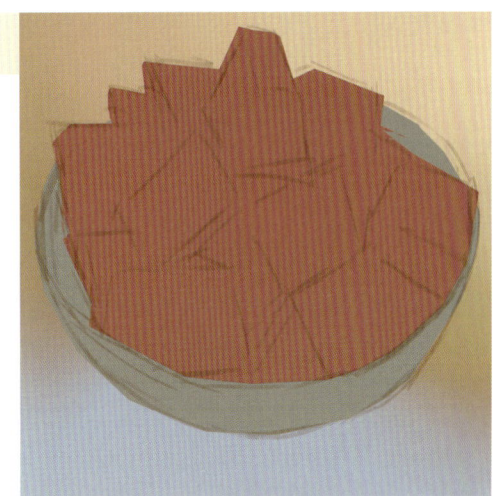

8 描繪容器的陰影

使用「色彩增值」混合模式來繪製容器的陰影。由於之後會再加上冷色環境光的亮光,因此在這邊可以使用深一點的顏色。

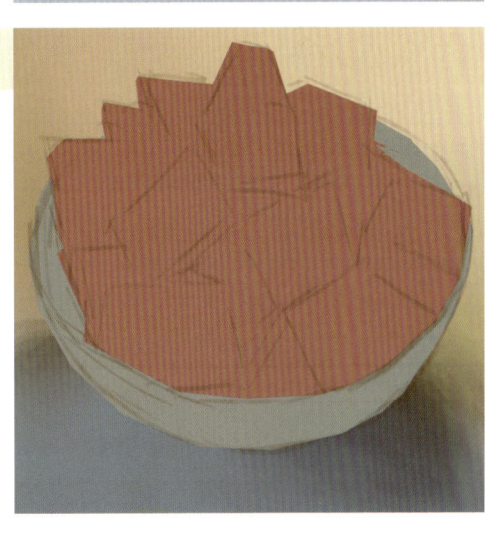

9 在陰影中添加冷色光

由於畫面左側有從窗戶射入的冷色環境光,因此在陰影中用「覆蓋」混合模式,添加冷色的環境光。

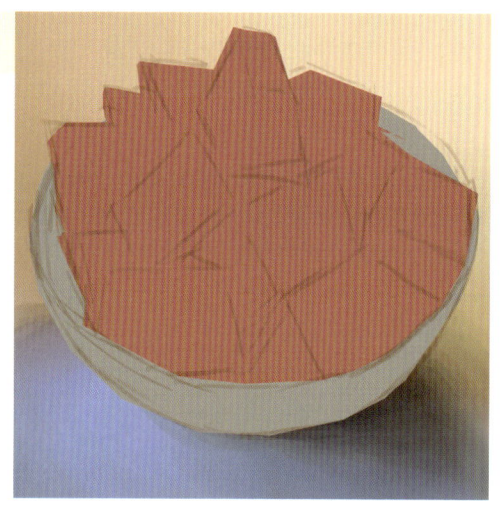

10 描繪容器上的陰影

使用「色彩增值」混合模式,描繪容器上的陰影。

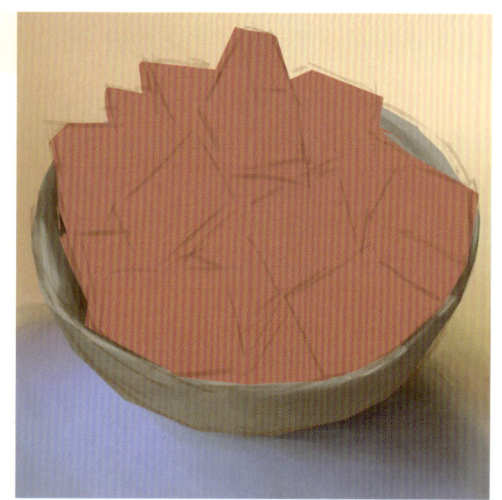

11 在容器上添加環境光

在容器上添加來自畫面左側的冷色環境光。這裡的亮光請使用「覆蓋」混合模式來畫,由於是環境光,因此要使用冷色。

12　描繪西瓜上的陰影

描繪西瓜上的陰影，用「色彩增值」混合模式來畫。

Memo
西瓜堆疊的形狀很複雜，所以並不好畫，這裡的重點就是要花點耐心努力地觀察和描繪。

13　在西瓜上添加室內燈的亮光

使用「覆蓋」混合模式，在西瓜上添加來自右上方的室內燈亮光。

Memo
西瓜透光的樣子很美，因此我希望將這部分強調出來。

14　把西瓜的背景變暗

為了強調有光穿透西瓜的效果，將畫面上方的西瓜背景顏色稍微調暗一些。為了凸顯亮部，就要加深暗部，這個技巧是很重要的。

15 描繪西瓜籽

描繪西瓜的籽，我刻意畫得比實物的籽稍大一些。因為西瓜籽是西瓜的特徵，必須清楚地描繪出來，才能明確地向觀賞者傳達西瓜的印象。

16 在西瓜上添加冷色環境光

使用「覆蓋」混合模式，在西瓜上添加來自畫面左側的冷色環境光。

17 在西瓜上添加室內燈光的暖色光

接著使用「覆蓋」混合模式，在西瓜上添加室內燈光的暖色光。

18 描繪室內燈光照在西瓜上形成的反光

一邊調整反射光的亮度，一邊描繪出室內燈光照在西瓜上所形成的最亮點。這裡使用「濾色」混合模式來畫，因為是室內燈光的鏡面反射，所以使用暖色。

19 描繪室內燈光照在容器上形成的反光

容器上也要描繪室內燈光的暖色光。因為是亮光，所以使用「覆蓋」混合模式來畫。

20 在容器上加強室內燈光的最亮點

接下來就進入調整的階段。請仔細觀察容器，可以看到室內燈光有造成更亮的部分，因此使用「覆蓋」混合模式加以描繪，進行細微的調整。

21 在西瓜上添加環境光

為了進一步調整，使用「覆蓋」混合模式，在西瓜上添加來自畫面左側的冷色環境光。這也是細部調整。

22 用調整圖層潤飾

在所有圖層最上方新增「色階」調整圖層，將畫面整體調亮。請比照之前的做法，要讓畫面變亮時，只要將色階圖最右邊的三角滑桿向左移動，即可讓整體變亮（請參照 P.52）。

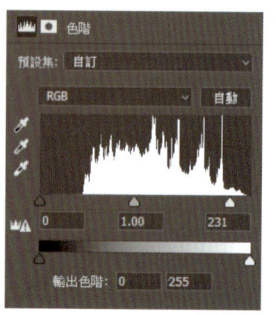

用「色階」調整圖層調亮

Memo
畫面變亮時，畫作的整體氛圍也會變得更加明亮。

23 疊加紋理

在所有圖層的最上方疊上紋理，並將混合模式設定為「覆蓋」，「不透明度」設定為 20% 左右。添加手繪質感的紋理，可提升畫面的資訊量與豐富度。為了強調西瓜的顏色，我刻意疊加紅色調的紋理。

使用的紋理

24 將陰影處的顏色調整為暖色調

目前西瓜的陰影顏色看起來變得有些混濁，因此我疊加了混合模式為「覆蓋」、「不透明度」為 20% 的暖色（參照下圖 ①），並將它置於所有圖層的最上方（參照下圖 ②）。降低圖層的透明度後，建立圖層遮色片，再用筆刷擦除遮色片來調整暖色範圍。

Memo
顏色變混濁時，大多是因為「色溫（見 P.72 的 Column 4）」發生問題。本例的情況，可能是陰影太過偏向冷色調了。

① 疊上暖色圖層

② 將該暖色圖層設定為「覆蓋」混合模式，然後建立圖層遮色片，用筆刷擦除遮色片來調整暖色範圍

25 進行整體調整

這是最後的調整步驟。使用「濾色」混合模式來增添細微的最亮點，或是對「飽和度」進行微調，調整到自己感覺不錯的程度，就完成了。

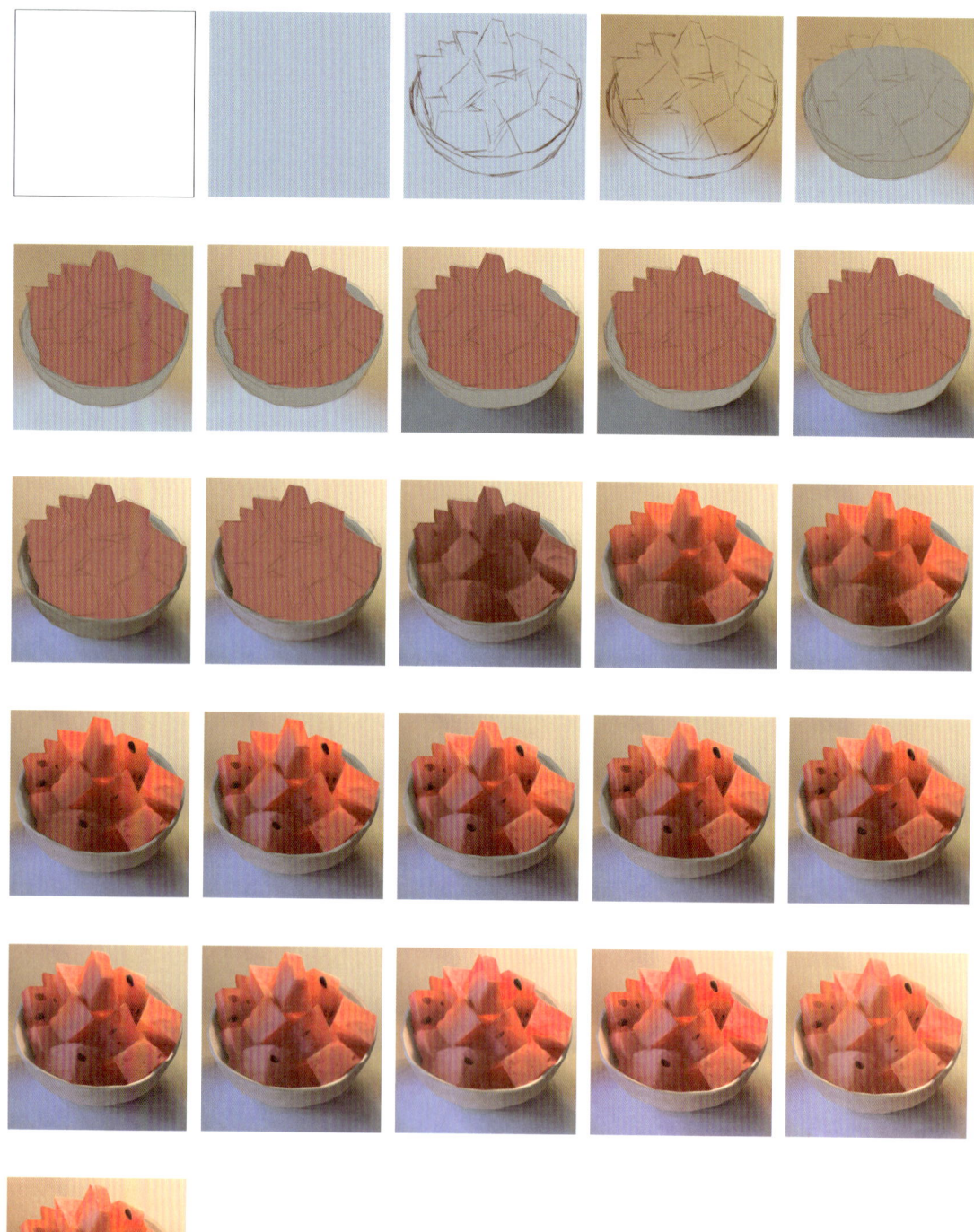

Chapter 6 光的透射（次表面散射）

118

Column 8
透光時的彩度看起來比較高

當物體內部有散射的光穿透物體到達眼睛時，
被這些光穿透之物體的彩度看起來會比較高。
雖然我無法用科學術語來解釋這種現象，
但根據我的經驗，如果在繪畫時了解這一點，
畫作的表現力就會大幅提升。

Column 8　光的透射（次表面散射）

窗外植物的彩度看起來比較高

描繪不同的光線反應

繪畫中經常出現植物、食物、人體、某些塑膠製品等物體,而本章的主題便是透過描繪這些物體的透光感(次表面散射),使畫作更具說服力。

此外,當你了解光的穿透現象後,就會更能掌握其他光的反應,從而可以區分描繪出光照射在各種物體後所產生的不同反應。

或許你覺得很難畫,其實主要考慮的只有一點:「反射光還是穿透光」。

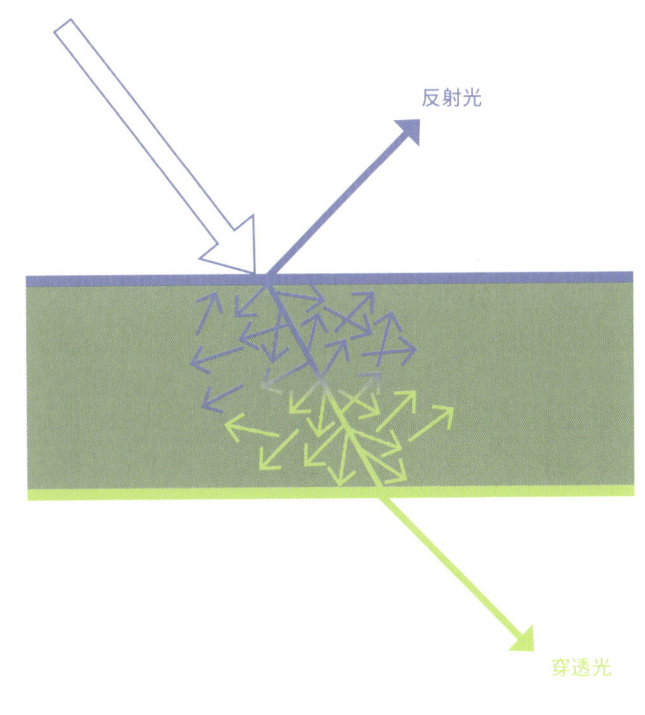

物體在光線反射與穿透時的差異

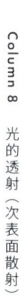

反射
物體反射的光。
反射光的狀態下
物體顏色會受到
光源的影響。

穿透
穿透物體的光。
穿透光會強烈地
影響物體本身的
顏色。

透光與飽和度的關係

畫素描時，基本上是「把眼睛所看到的東西直接畫下來」，在經過反覆多次的素描後，便會開始理解其中的模式。

我並不是在學習中得知「當光穿透物體時，物體的飽和度變高」，而是透過大量的素描才發現「這種情況下飽和度看起來比較高。為什麼會這樣呢？」也就是說，我是先有了經驗，才因此獲得了知識。不過為了向讀者說明這個現象，為了增加說服力，我使用了穿透或反射等術語來說明。

星形的橡膠製冰盒，由於內部透光，飽和度看起來比較高

不過，如果是在我沒有自己嘗試過的時候就跟我解釋這些，我可能也無法理解吧！直到我碰到試著畫但畫不好這種「需要了解原因的時候」，才第一次有了切身的理解。

因此，雖然我現在為了說明而使用比較少見的術語，但希望各位讀者都能先知道這點：「物體被光穿透時，飽和度會變高」。

Chapter 7

畫花。
把「生活」融入畫作

花朵插在花瓶中和放在杯子裡的差別

同樣是「畫花」，花也有各式各樣的種類。
例如，畫玫瑰花能營造出高雅的氛圍，
畫波斯菊則會給人一種比玫瑰花樸素的感覺。
此外，把花插入花瓶或玻璃杯中，呈現的印象也會截然不同。

我對「生活」是充滿興趣的。
我覺得所謂的「表現」，並不只是用畫的畫出來或是用唱的唱出來，
也包括因為肚子餓而吃麵包，或因為心情不好而發怒。
我認為這種「將內心的感受宣洩出來」的行為，
都是生活中重要的一部分。

因此，我希望這本書能化為助力，讓更多的人能學會畫畫、讓畫畫進入自己的生活。
現在，不妨想一下在你的生活中，花朵應該扮演什麼樣的角色，
接著去花店挑選、回家搭配喜歡的容器，把它畫下來吧。

挑選到符合自己心情的花其實並不容易

觀察主體所在的環境

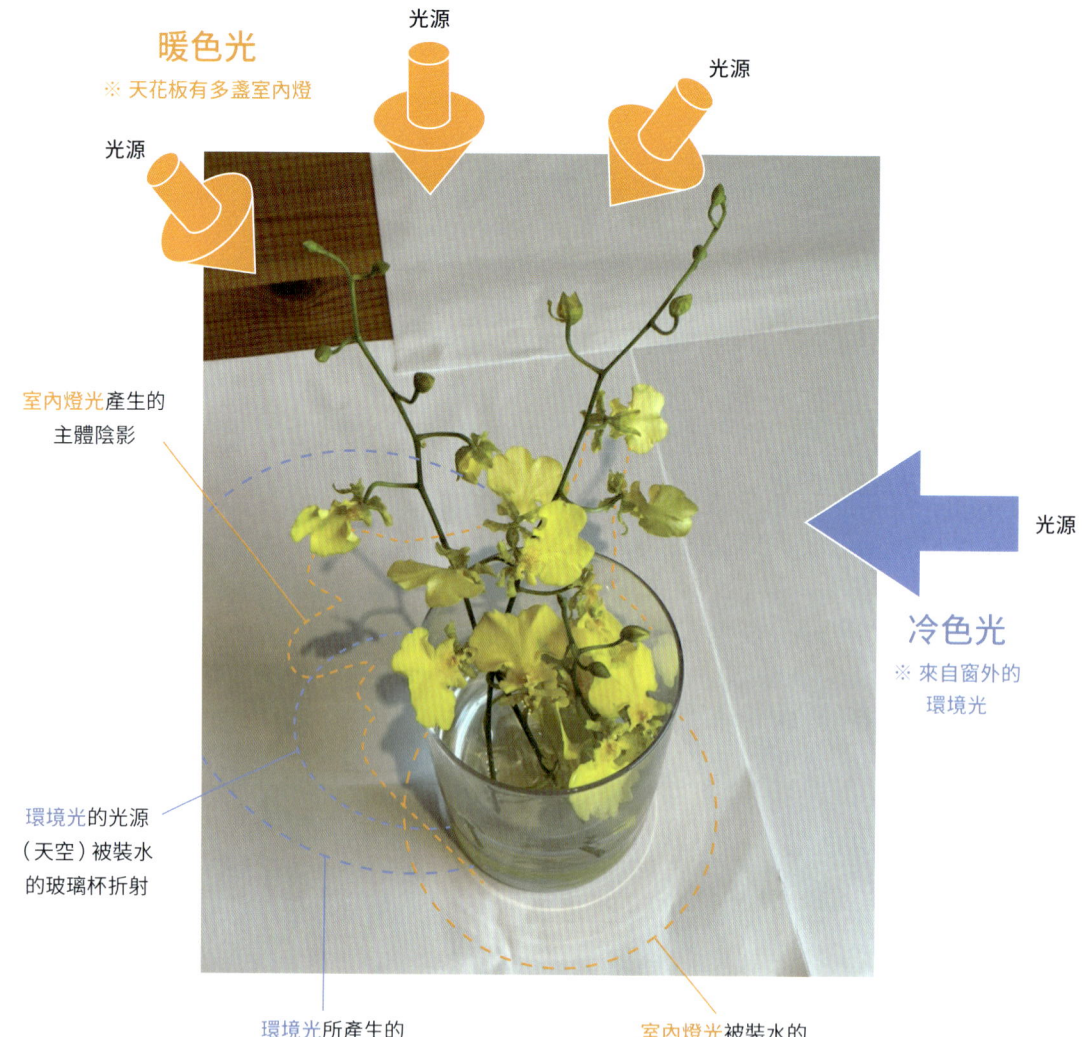

暖色光
※ 天花板有多盞室內燈

光源

光源

光源

室內燈光產生的
主體陰影

環境光的光源
（天空）被裝水
的玻璃杯折射

環境光所產生的
主體陰影

室內燈光被裝水的
玻璃杯反射

冷色光
※ 來自窗外的
環境光

本章的主體是玻璃杯（花瓶）中的花。不過有幾個環境因素沒有出現在上圖的照片中。例如主體所在的房間天花板上有好幾盞類似聚光燈的室內燈。因此，在完成的畫作中，我會畫出好幾個暖色的最亮點。

畫面右側有窗戶，並且有冷色的環境光照射進來。這道環境光在畫面左側形成了主體的陰影。天花板有數盞室內燈，其中光源最強的室內燈在地板上形成了清晰的主體陰影。

此外，裝著花朵的玻璃杯中有水，這杯水會在地板上形成特殊的光影。這種特殊的光影投射不能光靠想像來畫，請觀察實體來畫。在現實世界中，光線照射和反射物體的方式非常複雜，不觀察這些實體是畫不出來的。即便如此，光有其基本特性，一旦了解光的顏色、方向性、強度會產生何種變化之類的特性，就能在觀察主體時帶來很大的幫助。

試著畫畫看吧

1 決定畫布的尺寸

我想畫的是那種可以掛在家中當作日常裝飾的畫，所以設定成小型的正方形尺寸。畫布尺寸為 3500px × 3500px，解析度為 300dpi。

2 替畫布填滿底色

建立新圖層，用「正常」混合模式填滿底色。我選擇的是主體所在環境中佔據較多面積的顏色。

Memo
因為主體放在環境中（環境也會入畫），所以從環境的角度思考用色也很重要。

3 描繪線稿

繪製線稿來決定構圖。

Memo
我傾向於邊畫邊調整形狀，所以這裡只是先大致定出花的位置和花的大小，後續還會再調整。

4　描繪環境光所產生的陰影

來自窗戶的環境光是冷色,所以陰影會變成暖色。因此,我用「色彩增值」混合模式描繪暖色的陰影。這裡是柔和的間接光所造成的模糊的陰影,並不是形狀清晰的陰影。 ➡ Point 1

陰影和亮光的畫法是替顏色圖層設定圖層遮色片,再以擦除遮色片的方式來畫(請參照 P.22)。

5　塗抹玻璃杯的輪廓

為了替主體的形狀上色,將線稿的「不透明度」設定為 30%,然後塗抹出玻璃杯的輪廓。因為玻璃杯的顏色會稍微深一點,所以我用「色彩增值」混合模式塗上稍微深一點的顏色。

Memo
玻璃杯是透明的,所以沒有固有色,但畫法是相同的。

6　描繪花莖的固有色

使用「正常」混合模式,替花莖的固有色上色。前面畫的線稿只是當作大概的參考,我會在上色時一邊調整形狀。此時也畫出了玻璃杯邊緣部分的折射。

Memo
透過玻璃看到的影像會折射,因此位置可能會有點偏移,描繪眼鏡和玻璃杯之類的物品都要注意這種現象。請一邊觀察實物影像的偏移程度一邊描繪。

7　描繪花的固有色

使用「正常」混合模式塗上花的固有色。花朵之類的自然物如果畫成接近原本的形狀，可以展現它本身的生命力，但可能使畫的印象變得沉重。 ➡ Point 2
這次的目標是畫一幅帶有日常裝飾感的輕巧小畫，因此不繪製花瓣的細微皺褶，只描繪簡單的形狀。

Memo
花瓣的位置與花莖對應。由於花莖的上色位置與線稿有所偏移，所以花瓣的最終位置也會與線稿不同。本例的線稿幾乎僅供大概位置的參考。

8　描繪後側花朵的固有色

使用「正常」混合模式，替花莖後面比較暗的花塗上固有色。這裡要表現前後的差異，因此是將原本的花瓣色稍微降低明度來描繪。

9　描繪主體的陰影

使用「色彩增值」混合模式，繪製室內燈光照在主體（花）上所形成的投射陰影。室內燈光是暖色光，此光源形成的陰影會呈現冷色。此外，室內燈的光源是來自聚光燈的直接照明，因此陰影的輪廓會變得十分清晰。

10 降低花瓣的不透明度

將線稿圖層設定為隱藏。為了表現花瓣的薄透感，將花瓣的「不透明度」調整至 90%，這樣就會微微透出花莖的輪廓。

11 描繪窗外光源在玻璃杯上反射的亮點

在玻璃杯邊緣描繪窗外（天空）光線反射的最亮點。最亮點使用「濾色」混合模式來畫。比起室內燈光，窗外（天空）的光線看起來比較偏冷色，因此用冷色來畫。

12 在地板上描繪環境光的折射

地面上有因玻璃杯折射而聚集的環境光，這部分請使用「覆蓋」混合模式來畫。由於是冷色的環境光，因此使用冷色來畫。

Memo
再次強調，畫亮光都是用「覆蓋」混合模式來畫。

13 在地板上描繪室內燈光的折射

室內燈光的光也因為玻璃杯折射而投影在地面上，形成幾圈圍繞玻璃杯的圓圈。此亮光請使用暖色，並以「覆蓋」混合模式來畫。此外我也在同一個圖層描繪出玻璃杯外側幾個反射室內燈光的亮點。

玻璃杯外側反射
室內燈光的亮點

14 描繪花莖上的陰影

在花莖上添加比較深的陰影。陰影請用「色彩增值」混合模式來畫，並選擇稍微偏暖色的顏色。

Memo
我個人的經驗中，陰影使用稍微暖一點的顏色來畫，通常效果會更好（雖然我也不知道為什麼）。

15 描繪玻璃上的反射影像

這裡要描繪玻璃杯右邊內側反射的花朵影像，以及映射在玻璃杯右邊外側的窗戶反射影像。反射影像請使用「濾色」混合模式來畫。

16 加強玻璃杯的最亮點

進一步強調步驟 13 畫在玻璃杯上的室內燈光亮點，我使用「覆蓋」混合模式在反射部分添加暖色。利用「硬度」設定為 0% 的柔邊筆刷，呈現出亮光膨脹的光暈效果。光源的燈泡看起來是最亮的白色，因此在上面用「正常」混合模式添加了明亮的白色。

用白色加強光源的燈泡部分

17 加強地面上折射的冷色光

接著再稍微加強玻璃杯折射到地面的冷色光。因為是亮光，所以使用「覆蓋」混合模式來畫。

18 替最後面的花瓣再次上色

替最後面的花瓣描繪出有微妙差異的固有色。請在步驟 8 的花瓣固有色圖層上新增圖層，並建立剪裁遮色片（請參照下圖 ①），然後用「正常」混合模式上色。

① 替圖層建立剪裁遮色片

19　替前方的花瓣再次上色

接著繼續替前方的花瓣也加上微妙的固有色差異。請在步驟 7 的花瓣「固有色」圖層上新增圖層，並建立剪裁遮色片，然後用「正常」混合模式上色。

20　描繪前方花瓣上的陰影

使用「色彩增值」混合模式替前方的花瓣添加陰影。陰影是用偏暖的顏色，這樣畫作比較不容易混濁。當你對陰影拿不定主意時，不妨選擇偏暖的顏色。

21　替花苞再次上色

為頂部的花苞增添色彩變化。請在步驟 6 畫的花莖「固有色」圖層上新增圖層並建立剪裁遮色片，然後用「正常」混合模式上色。

22 在後方花瓣上描繪陰影

使用「色彩增值」混合模式，替後方的花瓣添加暖色的陰影。

23 在後方花瓣上描繪室內燈光的亮光

使用「覆蓋」混合模式描繪落在後方花瓣上的亮光。這裡室內燈光的影響較為明顯，所以使用暖色。

24 描繪前方花瓣上的亮光

使用「覆蓋」混合模式描繪落在前方花瓣上的亮光，使前方的花瓣看起來更加明亮。

25 描繪花莖上的亮光

使用「覆蓋」混合模式,在花莖上添加暖色亮光。

26 疊加紋理

接著將紋理疊加在所有圖層的最上方,讓數位繪畫中太過平滑的漸層色看起來更自然。為了讓暖色的花看起來更美,替整體色調稍微增添冷色調,藉此與花的暖色形成對比。我在此是使用「調整圖層」,並將「不透明度」設定為 40%,讓紋理偏向冷色,同時也替整體畫面增添冷色調。

Memo
改變紋理的顏色即可改變畫作的氛圍,這真的很有意思,請務必試試看。

使用的紋理

27 用調整圖層潤飾

在所有圖層的上方新增「色相/飽和度」調整圖層,調高整體的「飽和度」。為了強調花瓣的輕薄感,讓花朵看起來更生動鮮活,我使用「覆蓋」混合模式在花瓣上方及玻璃杯的後方疊加亮色,然後再加以調整就完成了。

最後再檢視整幅畫的平衡,你可以憑感覺用「覆蓋」混合模式加亮或加深部分區域,或是加入一點顏色作為點綴。你可以盡情在自己的畫中嘗試各種效果。

Point 1
間接光

光分為「直接光」和「間接光」。直接光（直射光）是光源直接照射，間接光則是經過反射的光。

Point 2
替固有色加上微妙的色彩變化

雖然我們只能透過觀察實物來畫，但物體上的顏色會有各種變化，很難找到「就是這個顏色」這類的固定顏色。要把眼睛所看到的顏色都精確地畫出來會有一定難度，因此我們是把顏色分層繪製，這樣就能分別用「色彩調整」功能來仔細調整。上色後就可以一邊檢視畫面，一邊變更為更符合的顏色。我覺得這就是數位繪圖工具好用的地方！

137

Column 9
面對失敗這件事

其實，這一章的「花」我本來是畫右頁這幅畫。
這是一幅失敗的作品。
這裡所說的「失敗」，
意思是「沒有達成我畫花的目的」。
原因是我過度依賴自己對「花」的刻板印象。
我無意識地認為，
只要是花，怎麼畫都會很有魅力。

透過觀察，理解刻板印象與現實的差異

在日語中，「花＝美麗」這個概念已經深植人心。像「高嶺之花」這類詞語，都是基於「花」等於美麗的概念而衍生的。
如果不經思考，就把這種概念當作一種符號（直接套用既有概念而不加思索），往往會導致失敗。因為事實上，並不是「花」本身美麗，而是「有人覺得花是美麗的」。
為了不讓這次的失敗白費，以下我就整理出失敗的原因並加以說明。
本書描繪的是「日常的物件」。右頁的畫作比起日常生活，更像是裝飾性的、給人一種脫離日常感的感覺，與本書訴求的主題並不相符，所以最終沒有採用這張。

那麼，「日常的花」應該畫成什麼樣子呢？我認為是「花朵數量少且樸素」、「即使花的種類很多，擺放方式也不會過於搶眼」、「不會成為空間裡的主角、而是陪襯」等。
雖然右頁的畫未能成功表現「日常的花」，但當你覺得「哪裡怪怪的」時，應該進一步具體思考「到底哪裡不對」。這樣一來失敗就有了意義，我們可以基於這次的失誤提出「假設」，進行「模擬」，再進一步「驗證」。
藝術創作就是反覆進行「假設」與「驗證」。如果能夠做到這一點，下一次畫成功的機率也會大幅提升。

這幅畫所畫的是日常生活中罕見的花，所以給人一種脫離日常的感覺

畫了 4 次花的心得

我畫了好幾次花,可是不管怎樣都畫不好!雖然每個人對「好畫」的標準都不同,但就本書的主題我想表現的風格而言,第四張圖才是比較成功的。在過程中,我發現了一件很有意思的事:

原來「我想像中的花」和現實的花有差異,「實際的花(植物)是生動鮮活的」。

對於包括我在內的多數人而言,花有祝賀、可愛等正面的形象,總是色彩繽紛。因此,在繪製花卉時,我也不自覺地想讓作品呈現這樣的感覺。所以在素描時,我試著去捕捉我「理想中的花」,仔細觀察並描繪細節,結果卻怎麼畫都不太對勁。無論畫多少次,最終的畫面總是比我想像中的花「更陰暗」一些。這讓我意識到,「花」這個主題本身就帶有一種特殊性。

花是一種「非日常」的象徵,因此人們對它的「印象(形象)」通常非常強烈。而「印象往往與實物不符」。像花這種「在人們觀念中已有既定形象的事物」,如果只是忠實地描繪它的實際樣貌,反而無法表現出「我們心目中期待的畫面」。

這就是前三張畫與第四張畫的區別。前三張畫中,我只是單純描繪眼前的植物。然而,植物是自然界的產物,它們的形狀不規則、細節也很繁複。如果刻意要描繪出一模一樣的歪曲形態和細節,反而偏離了我心中想畫的「花」,那種「可愛、美麗」的印象。

第 1 張

第 2 張

符號就是一種主觀印象

因此我建議「以印象為主來畫」，這種方式其實是「符號化的繪畫」。

我覺得「符號」換個說法，就是「主觀」。所謂符號，就是將某個人或群體的「印象」視覺化的產物。因此，對於同一個文化圈或相同族群的人來說，「符號化」的東西本質上就是主觀的。

這就是為什麼我覺得日本的動畫和漫畫充滿無限可能，因為動畫和漫畫本質上就是符號的集合，它們極具主觀性，也發展出了獨特的文化。

「印象」本身是一種概念，並不是以具體的形態存在於現實世界，但它卻可以被許多人共同理解和分享。

也就是說，
印象＝主觀＝繪畫＝符號

透過畫花這件事，我逐漸理解這些概念之間的關聯，並且似乎也更加明白了「描繪自己想畫的東西」這個行為的本質。

第 3 張　　　　　　　　　第 4 張

Chapter 8

描繪「看不見的事物」、時間的流逝

讓人們感受到看不見的事物

在本書的最後一章，我畫了一片被咬了幾口的吐司。
透過畫出被咬的痕跡，
可以表現出「吐司被吃過」這件「已經發生的事」。
即使我沒有直接畫出這件已經過去的事，
但觀眾在看這幅畫時還是會下意識地「感覺到」這一點。
多數的觀眾並不是在看「畫作本身」，
而是在看「畫中所描繪的內容」。

就像這樣，「夾著果醬而且被咬過的吐司」
會比「吐司」包含更多資訊，也會向觀眾傳達更多訊息；
而且比起單純畫吐司，畫中值得一看的地方也會更多。
繪畫時如果能注意到這些「沒有直接畫出來的地方」，
你就更有可能畫出更好的作品。

生活就是活在時間的洪流中。
透過描繪日常不經意的瞬間，可以捕捉那些轉瞬流逝的片刻，
因此，「要描繪什麼樣的瞬間」也是對創作者來說很重要的觀點。

準備用來畫的生鮮食品可能會有點麻煩，但是畫起來會很開心喔

觀察主體所在的環境

吐司被咬過的痕跡
注意看有 2 個咬痕

光源

光源

冷色光
※ 來自窗戶的環境光

暖色光
※ 室內燈光

影子中隱約可見的
冷色環境光

室內燈光造成的
盤子和吐司的陰影

反射室內燈光
的最亮點

這次要畫的主體是被咬過幾口的吐司，光源有暖色的室內燈光和冷色的環境光。創作的時間有可能是黃昏時分，因為吐司陰影中的冷色很淡，由此可判斷環境光相當微弱。

請仔細觀察吐司，你能看出有 2 口咬痕嗎？當觀眾能自己觀察並發現「有 2 口咬痕」，這幅畫的說服力就會大幅提升。

所謂「畫作的說服力」，是指觀眾在看畫時「感受到真實」。我將這種情況下的「真實」解釋為「是否具有空氣感」。

畫中的「空氣感」包含許多要素，儘管觀眾不一定會將這 2 口咬痕認定為過去實際發生的事件，但他們仍然能隱約感覺到。

因此，只要在畫中累積更多包含這些要素的細節，即可傳達更多的訊息給觀眾。如果你平常多練習觀察主體，就可以訓練自己讀取這些資訊（畫外之音）的能力。

試著畫畫看吧

1　決定畫布的尺寸

為了將吐司的影子也畫進來，我認為橫向的畫布尺寸會比較適合。畫布尺寸設定為 4500px × 3500px，解析度為 150dpi。

Memo
我通常以邊長超過 3000px 為基準來設定畫布。將畫布設定得稍大一些，未來或許可以用在印刷或其他用途。

2　替畫布填滿底色

建立新圖層，使用「正常」混合模式來填滿底色。本例的主要光源是暖色室內燈光，整個桌面看起來都是暖色的，因此底色就填入暖色。
首先畫的這個部分就等於桌面，畫的時候要意識到之後會有主體放在上面。

3　描繪線稿

描繪線稿，以便定出主體在整個畫面中的大小和位置。

Memo
由於我習慣在上色過程中決定細節，因此線稿只畫出決定主體位置的粗略草圖。

4 替盤子、抹刀、吐司塗上固有色

替盤子、抹刀,還有吐司上面的白色部分各自建立圖層,然後使用「正常」混合模式塗上固有色,描繪出輪廓。

5 塗上吐司邊的固有色

以「正常」混合模式繪製吐司邊的固有色。

6 替吐司邊再次上色

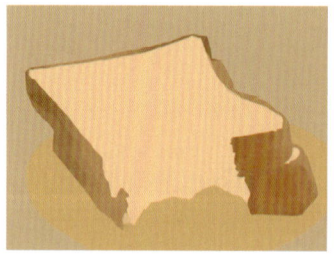

畫到這裡,請將線稿圖層設定為隱藏。
由於吐司邊的固有色有很大的明暗差異,因此在步驟 5 畫好的「吐司邊的固有色」圖層上方再新增圖層、設定為剪裁遮色片,然後用「正常」混合模式再次上色。

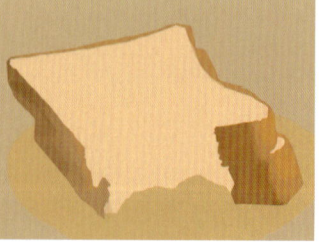

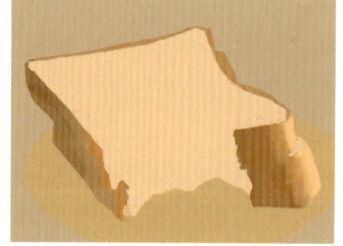

Memo
一下筆就畫出準確的顏色是很困難的,建議先畫出來,再調整成符合的顏色,這樣會比較容易。

7　描繪盤子的紋路

在步驟4「盤子的固有色」圖層上方再新增圖層、設定為剪裁遮色片,然後用「正常」混合模式描繪出盤子上的紋路。

8　描繪果醬的固有色

用「正常」混合模式描繪吐司中間的果醬。

9　描繪果醬滲入吐司的效果

描繪果醬稍微滲入吐司的部分。滲入部分與果醬的顏色有些不同,所以我將滲入的地方當作不同部位,另外畫在新的圖層上(請參照下圖①)。

①將滲入的部分畫在另一個圖層

10 描繪陰影

描繪桌面上的陰影,陰影使用「色彩增值」混合模式來畫。對我來說,剛開始畫陰影先用暖色來畫會比較容易,所以我疊加了暖色。添加陰影和亮光時,我都是替顏色圖層設定圖層遮色片,然後以擦除遮色片的方式描繪(請參照 P.22)。

11 在陰影中添加環境光

在左側的陰影區域中,有隱約可見的冷色環境光。這是因為主光(室內燈光)的暖色光比環境光更強,使得整體呈現暖色調。然而,在暖色光沒有照射到的陰影暗部,則會受到左側冷色環境光的影響。這部分請使用「覆蓋」混合模式來塗上冷色。

12 描繪抹刀上的果醬

使用「正常」混合模式描繪抹刀上的果醬。

13 在桌面添加室內燈光的亮光

在桌面上添加來自畫面右側的室內亮光。由於是暖色的光，因此用「覆蓋」混合模式來畫。

14 在抹刀上添加最亮點

用「濾色」混合模式在抹刀上添加反射室內燈光的最亮點。最亮點就是光源的反射，室內燈光是暖色，因此用暖色畫最亮點。

15 描繪盤子和吐司上的陰影

用「色彩增值」混合模式描繪盤子和吐司的陰影，把盤子和吐司視為一體會比較容易建立圖層結構。你可以將相關圖層整合到一個群組，然後將「陰影」圖層剪裁至群組（請參照下圖①），接著再畫陰影。

① 將陰影圖層剪裁至群組資料夾

16 在吐司的陰影部分添加環境光

在畫面左側吐司的陰影部分，使用「覆蓋」混合模式添加一點環境光的冷色。

Memo
這部分雖然不太明顯，但是「隱約可見」，所以不要畫得太過顯眼。這種微妙的細節會影響最終作品的完成度。

17 在盤子與果醬上添加最亮點

使用「濾色」混合模式在果醬和盤子上添加室內燈光的反射亮點（最亮點）。

18 在吐司上描繪室內燈光的亮光

接著使用「覆蓋」混合模式，在吐司上描繪來自室內燈光的亮光部分。由於是暖色光，因此選用暖色來畫。

19 描繪吐司上的色彩變化

在吐司的邊與白色部分之間，看得到色彩的漸層變化，因此建立新圖層，用「正常」混合模式補畫上去。

Memo
原本應該在塗抹固有色的時候就畫出這個部分，但我是在描繪的過程中才注意到，因此到這邊才補畫上去。

20 描繪更多細節

我繼續添加了以下這些細節。
① 在抹刀與桌面接觸的地方用「色彩增值」描繪陰影、② 在抹刀上面用「色彩增值」描繪陰影、③ 在抹刀上面用「濾色」添加室內燈光的反射（最亮點）、④ 稍微柔化盤子陰影的邊緣。

Memo
雙按「圖層」面板中的圖層遮色片縮圖（請參照下圖 ①），即可開啟設定面板（參照下圖 ②）。調整「羽化」數值即可讓遮色片的邊緣變柔化。本例是將「羽化」設定為「10 像素」。

① 雙按圖層面板中的圖層遮色片縮圖

② 用滑桿調整「羽化」的數值

21 用調整圖層潤飾

我覺得我畫的吐司白色部分和盤子好像都比實物亮很多，因此新增「色相／飽和度」調整圖層來調整兩者的固有色。將「明亮」調至「-10」即可變暗，但降低亮度時也會使飽和度下降，因此同時將「飽和度」調整為「+10」（請參照下圖 ① ②）。

Memo
數位繪畫就是可以邊畫邊調整，請盡量使用吧！

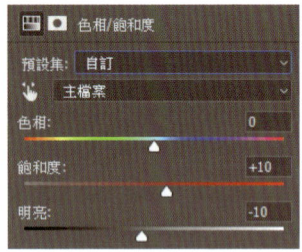

① 用「調整圖層」的「色相／飽和度」潤飾

② 替吐司的白色部分和盤子的固有色分別套用「色相／飽和度」調整圖層

22 疊加紋理

將紋理圖層置於所有圖層的最上方，然後將混合模式設定為「覆蓋」、「不透明度」設定為約 20%，替整幅畫增添質感。

使用的紋理

23 進一步描繪更精緻的細節

在疊加紋理之後，我繼續添加了許多目前這種畫法比較難捕捉的細節，包括微妙的色差、微妙的陰影、果醬上最亮點的微妙透光色彩等，都是在最後的步驟才畫的。這個階段我只用一個混合模式為「覆蓋」的圖層，一邊調整顏色一邊描繪。

Memo
「目前這種畫法」是指本書大多是用實心的筆刷來描繪，比較難表現出微妙的細節。因此，最後的潤飾我會憑感覺添加一些微妙的細節差異。

24 添加光的膨脹（光暈）效果

最後再用「覆蓋」混合模式，在抹刀、果醬和盤子的最亮點上添加膨脹（光暈）效果，到這裡就完成了。最亮點是光源的反射，因此也是畫面中最亮的部分。觀察後可以發現，反射處的亮光看起來會有一點膨脹的光暈效果，因此也把這種效果畫出來。

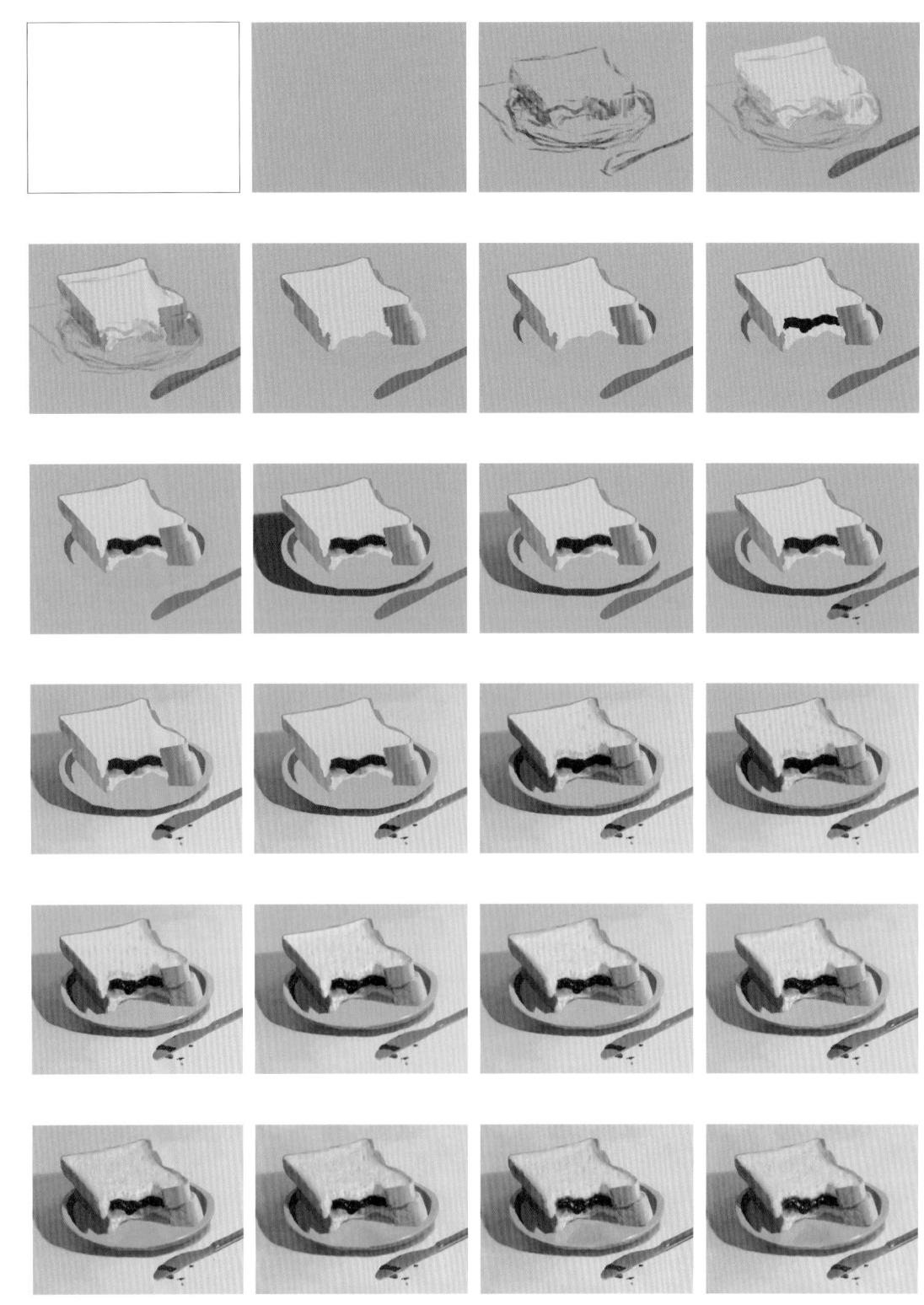

Chapter 8　描繪「看不見的事物」、時間的流逝

Column 10
表現「空氣感」

當我在描繪動畫場景中的環境或是情境，
或是在畫速寫之類的作品中，想要表現出主體所在的「空間」時，
能夠讓觀眾從畫中感受到「空氣感」這件事就變得很重要。
我常常在思考「要畫出空氣感」，這是創作時一個很重要的課題。
直到現在，我仍在不斷探索空氣感的本質，
而其中一個要素我認為就是字面上的「空氣」。
那麼，「空氣」到底是什麼呢？
空氣是看不見的，接下來我會用具體的例子來說明。

在畫中「感受到空氣」是什麼意思？

「空氣」是看不見的。但在某些瞬間，我們會覺得自己「彷彿看到了畫中的空氣」，並能透過描繪這些瞬間來明確表現出空氣感。如同在 Column 7（請參照 P.100）提到的，空氣中能被我們看到的元素，代表性的有「灰塵、塵埃」、「空氣中的水分」等。下頁的畫作中，充電器上方的明亮部分表現微微的光線擴散的感覺。這種微弱的光線擴散，可以用以下 2 種說法來解釋：

・光線太亮，使得反光部分看似膨脹擴大
・光線被空氣中的水分或是灰塵反射

藉由「在最亮的部分加入擴散模糊的光」，就可以表現出這種光暈效果。

如果我們從「光線被空氣中的水分、塵埃等微粒反射」的角度來解釋，那麼這其實是在畫出空氣中的微粒元素，換句話說，這樣就可以「描繪出空氣」。
地球上存在著「空氣」，因此，我們的眼睛與畫面中的物體之間，必然隔著這層空氣。所以描繪空氣是非常重要的，即使我們沒有意識到，其實眼睛一直都是「看著空氣」。如果畫面中缺少空氣的表現，觀眾就很容易感到不自然。
但問題是，空氣本身是無法直接被看到的，它之所以變得可見，正是因為其中有水分、塵埃等微粒，而這些元素必須要透過光線，才能被看見。因此，描繪時適當地畫出這些元素，就有助於提升畫面的空氣感。

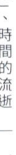

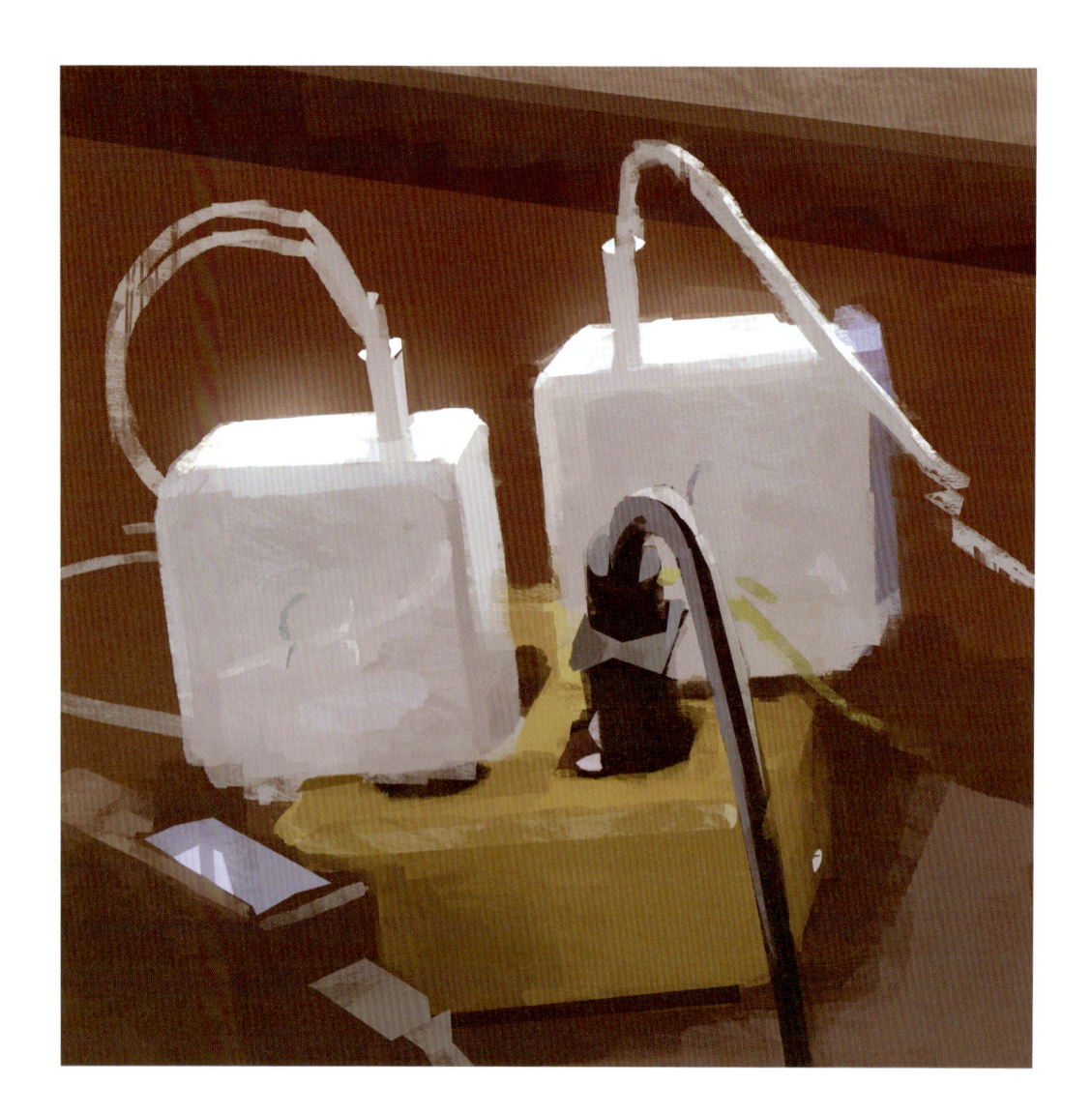

看不見的空氣感

前面我們談到「如何讓空氣變得可見」，但我進一步思考後，觀眾也可能從畫面中感受到「看不見的東西」，進而體會到空氣感。例如，本章用吐司來表現「時間的流逝」，光用肉眼是看不見的。同樣地，「氣味」、「溫度」、「情感」也都是看不見的，但我們可以透過畫作中的元素去「感受到」它們。我認為，這或許就是所謂的「從畫中感受到空氣感」這件事的本質。

「看不見的事物」並不是真的被畫出來了，

而是透過某些元素讓觀眾「感受到」。例如一幅畫了森林的畫，並不會真的散發出森林的味道，但是有些人在看畫時，可能會聯想到森林的氣息。這些氣息應該是從觀賞者的記憶中被喚醒的。

再舉個例子，看到畫中的西瓜造型包包（如上圖）時，或許有些人會回想起自己小時候也擁有過這種質感的包包，比如小學游泳課時用過之類的。這類的資訊雖然因人而異，但有些「特定的物件」的確能夠引發許多人潛意識中的共鳴。

我認為，如果能透過畫作達到這一點，就能成功營造出「空氣感了」。

結語

我對「表現」的解釋

這本書記述了用數位工具來繪畫的相關知識。
我試著盡量具體地說明，因為抽象概念不僅缺乏實用性，也難以傳達給他人。內容越具體，對人們越有幫助，大家閱讀的意願應該也會更高。

不過我真正想傳達的，是一些更模糊、範圍更廣的概念，那就是「表現」。
說到「表現」，很多人以為是擁有高超技術的人才能做的事，例如畫畫、唱歌、跳舞等藝術活動。但對我來說，「表現」就是「將內心所想的事物表露出來」。

比如說，肚子餓了就吃飯、口渴了就喝水、覺得冷了就穿上外套、情緒激動就喊出聲、對喜歡的人表達愛意、想要畫畫就去畫，我認為這些都屬於「表現」。從這點來看，所謂的表現，其實是人們為了想要「變得比現在更好」而做的所有行為，內心渴望比現在更好的想法，會化為事實、反映到自己的外在世界中。

所謂「更好的狀態」，對每個人來說並不相同。有人認為是填飽肚子，有人認為是增加存款，或是與討厭的人斷絕關係。甚至，某些在一般認知中可能是負面的事情，對某些人來說卻是變得更好的契機。

雖然內容因人而異，但「想要變得更好」的想法是所有人共有的一種情感。
我認為，如果能夠相信這種情感的存在，那就可以與任何人建立聯繫。

生活與表現

人們懷抱著「希望變得更好」的想法,這與幸福地生活息息相關。

如果將情感的正向狀態稱為幸福,那麼幸福其實是一種感覺,既無形又抽象,難以捉摸。然而,當現實世界中發生某些具體的美好事件時,我們的情緒通常也會因此變得更正向。

舉個例子,當我們感到口渴時,透過「喝水」這個行動,讓這種內在的不適感在現實世界中獲得解決——這不只是將負面的狀態歸零,甚至能夠進一步轉化為更好、更正向的狀態。

如同前面所說的,我認為「表現」並不限於藝術類的活動,比較像是從「肚子餓(負面狀態)」轉換到「吃麵包(正面行動)」,將內心的感受以具體的事實展現出來,也可以當作一種表現。從這個角度來說,「表現」或許是人邁向幸福生活的重要途徑。

隨著網路與社群媒體的誕生,原本只有一小部分的人才能擁有的「表現舞台」,現在成為每個人都可以使用的工具。有了這樣的平台,未來「表現」將會更貼近每個人的生活。在這樣的時代,人們可以透過「表現」與他人聯繫,成為更好的自己,獲得比現在更多的幸福。我相信透過表現,每個人都有機會變得更美好。

所以我才說,繪畫並非什麼特別的事情,任何人只要想畫畫,就可以去畫畫。

對我而言,畫畫就是將我內心的感受以具體形式呈現出來,只是我剛好是透過繪畫來表現。如果是透過文字、打掃,甚至修理水管,也都同樣是「表現」。

在這個時代,生活與「表現」之間的距離,正變得越來越近。

如果這本書能幫助任何一個人,更勇敢地去表現自己,那就是我最大的心願。

2024 年 1 月　長砂ヒロ

ゴキンジョ

長砂ヒロ

概念藝術家。

畢業於京都精華大學，主修織品設計。曾經擔任動畫美術背景設計師，並以此開啟職業生涯，之後赴美發展。曾在美國動畫製作公司「Tonko House」參與奧斯卡提名動畫作品《大壩守護者》的製作，擔任首席插畫家。此外，還在許多其他專案中擔任藝術總監等職務，包括以首席色彩設計師身份參與了 Netflix 動畫《柯利嘟嘟車》。目前投身於自己創立的藝術團隊「ゴキンジョ」，積極從事培育藝術家以及製作作品等活動。

著有原創繪本《巴庫醫生》。

曾參與許多知名作品的概念設計以及色彩腳本的工作，包括《SPY×FAMILY 間諜家家酒》的片頭動畫、《咒術迴戰》、寶可夢原創動畫《破曉之翼》、川村元氣製作的動畫電影《BUBBLE》、搖滾樂團「ヨルシカ」的 MV《春泥棒》、樂團「GReeeeN」的 MV《星影のエール》等。

https://x.com/hiro_gokinjyo

ゴキンジョ
GOKINJYO

gokinjyo.co.jp

【日文版製作團隊】

書籍設計　岩渕恵子（iwabuchidesign）

編輯　秋山絵美（株式会社技術評論社）

特別感謝　鐘ヶ江尚、和田江理、岸田健児、しらこ、おかちぇけ、堤 大介、
　　　　　ロバート コンドウ、橋爪陽平、稲田雅徳、所有家人、「ゴキンジョ」團隊成員

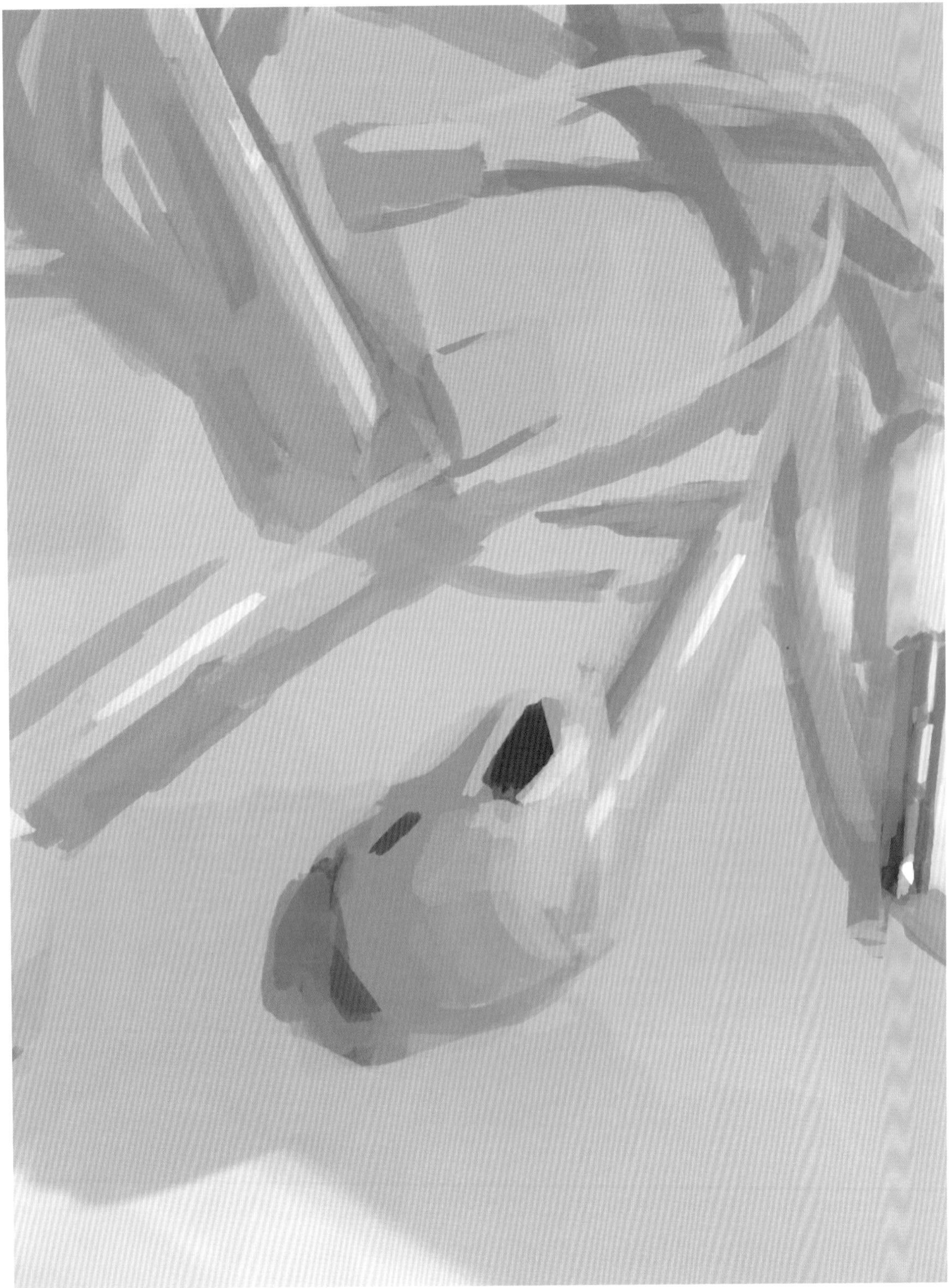

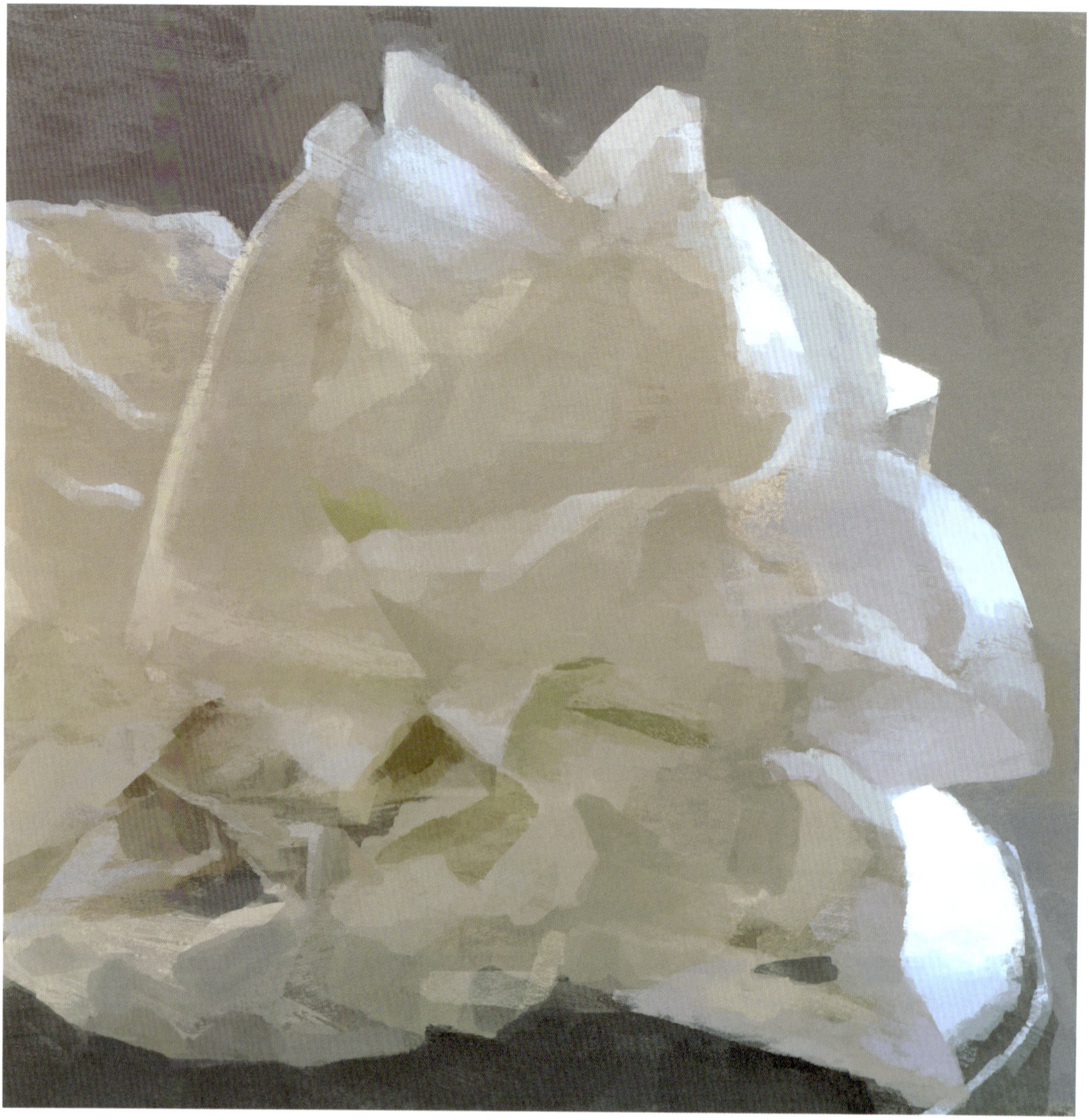

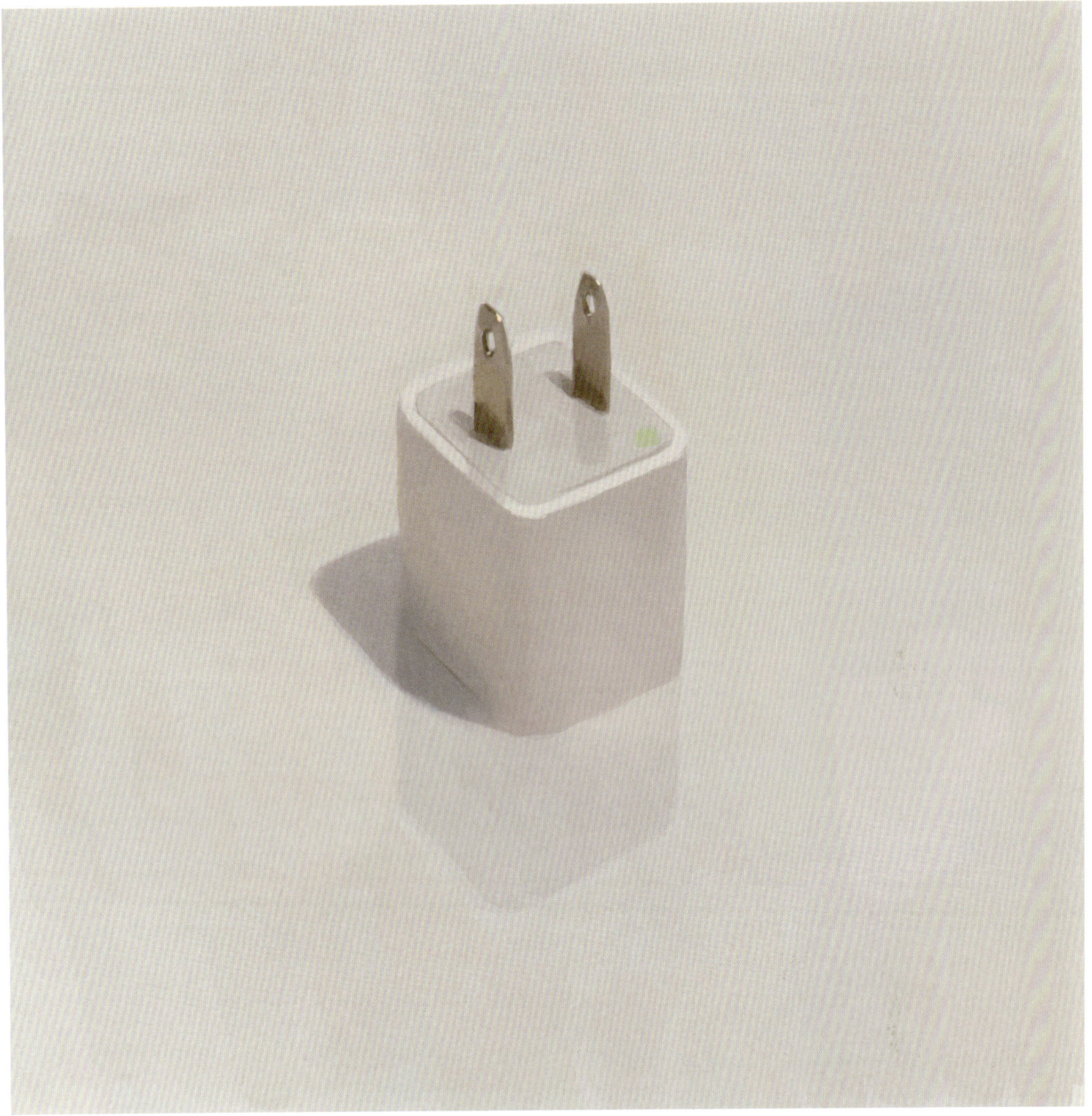

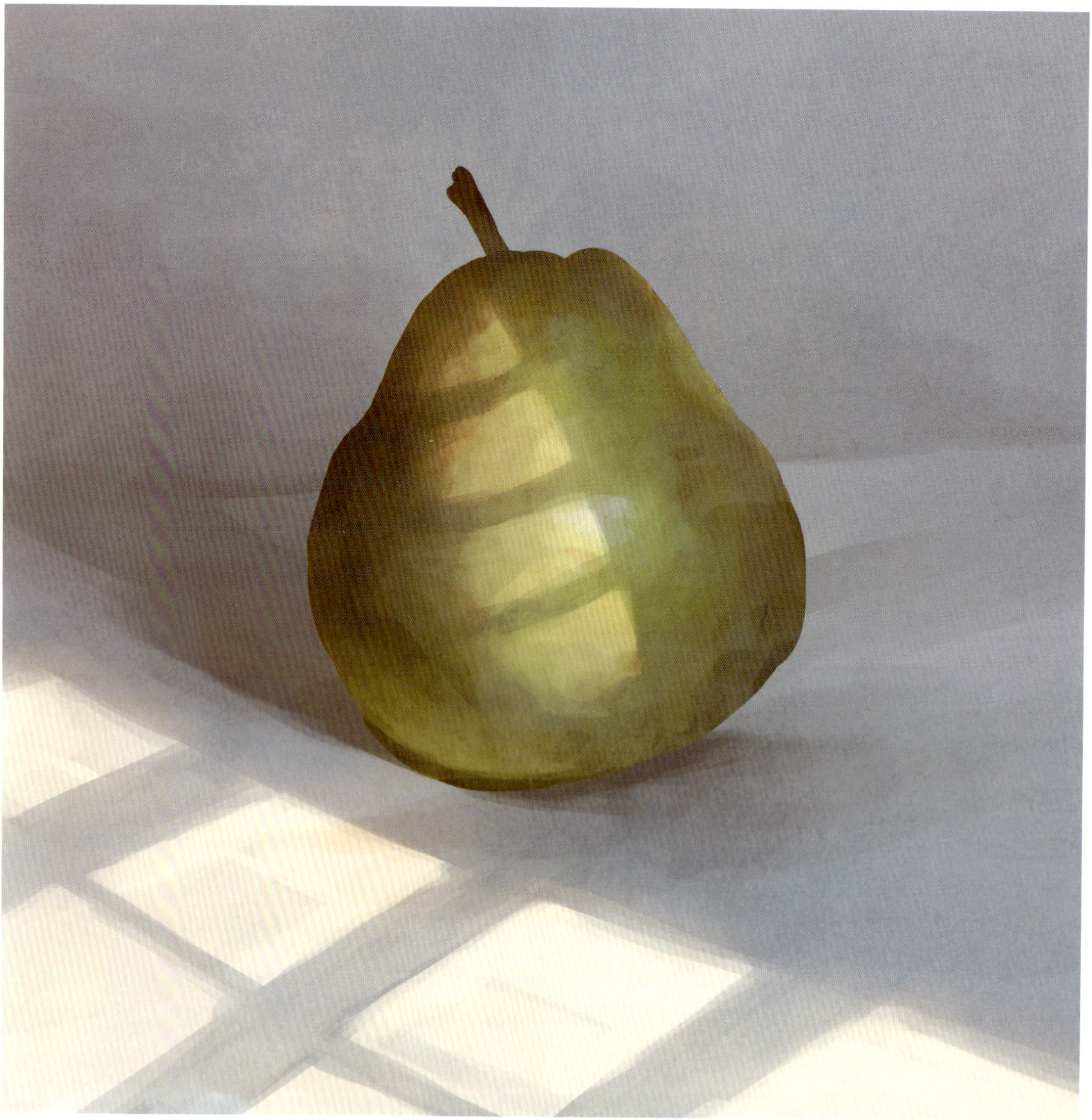

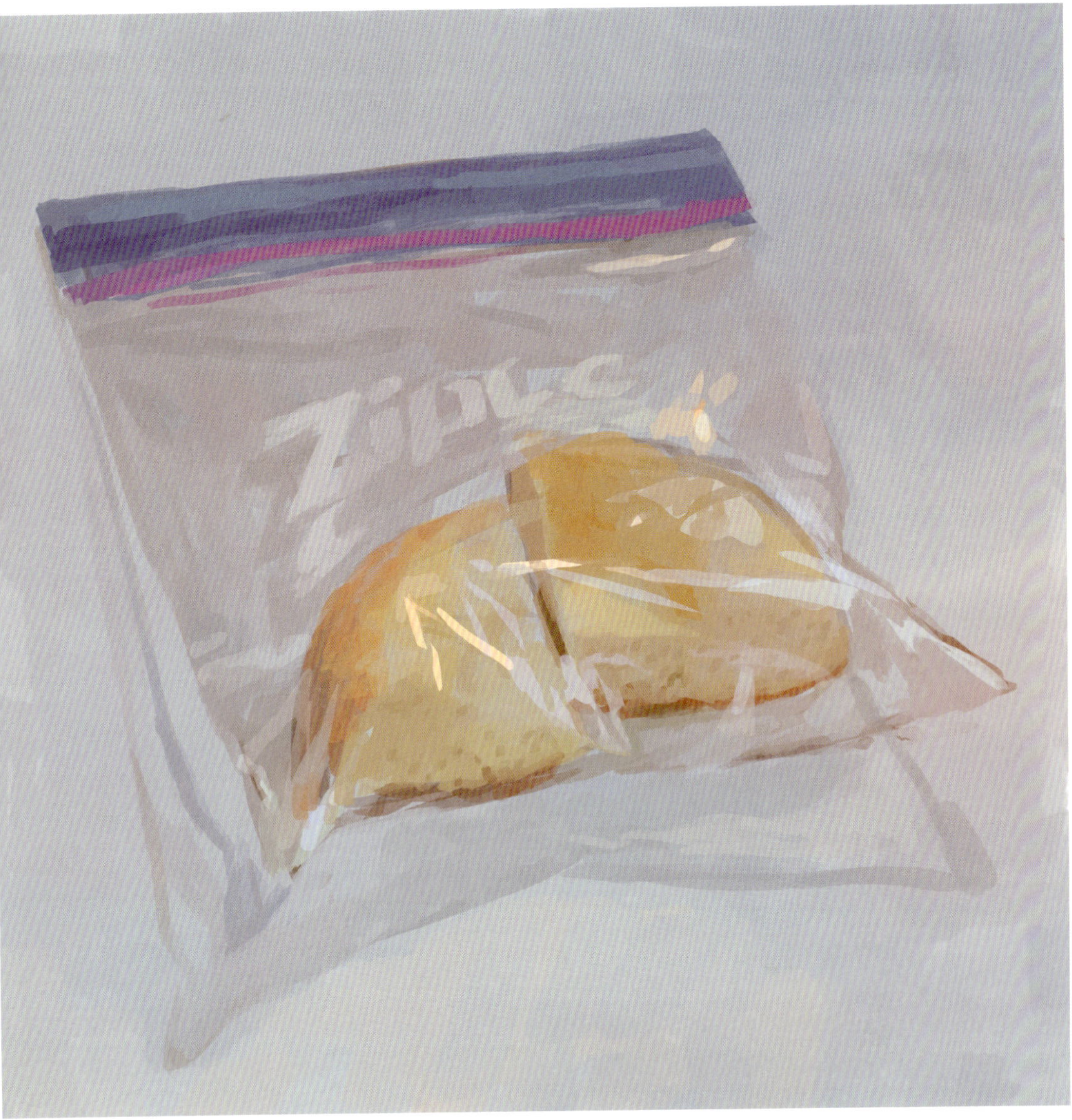

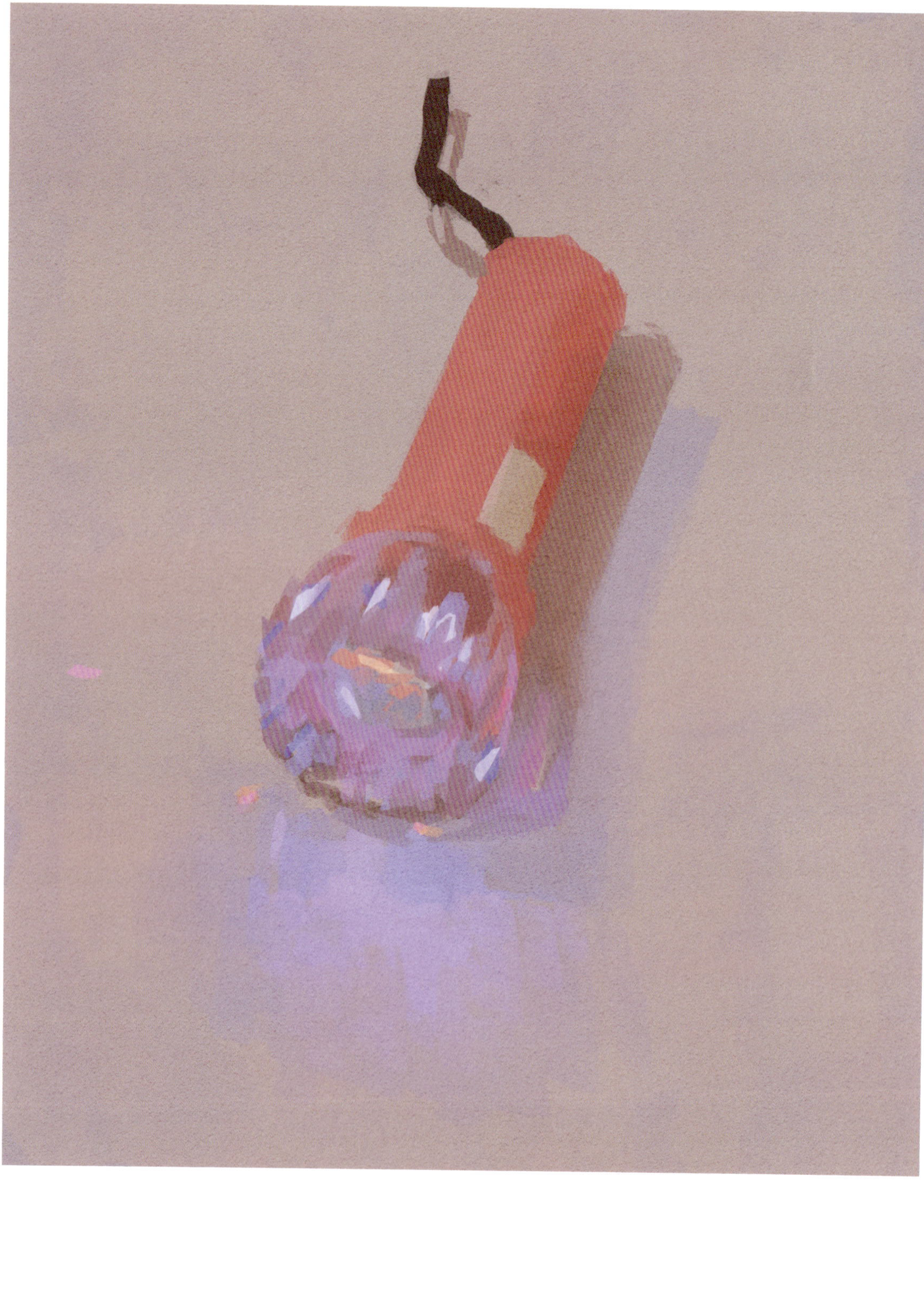

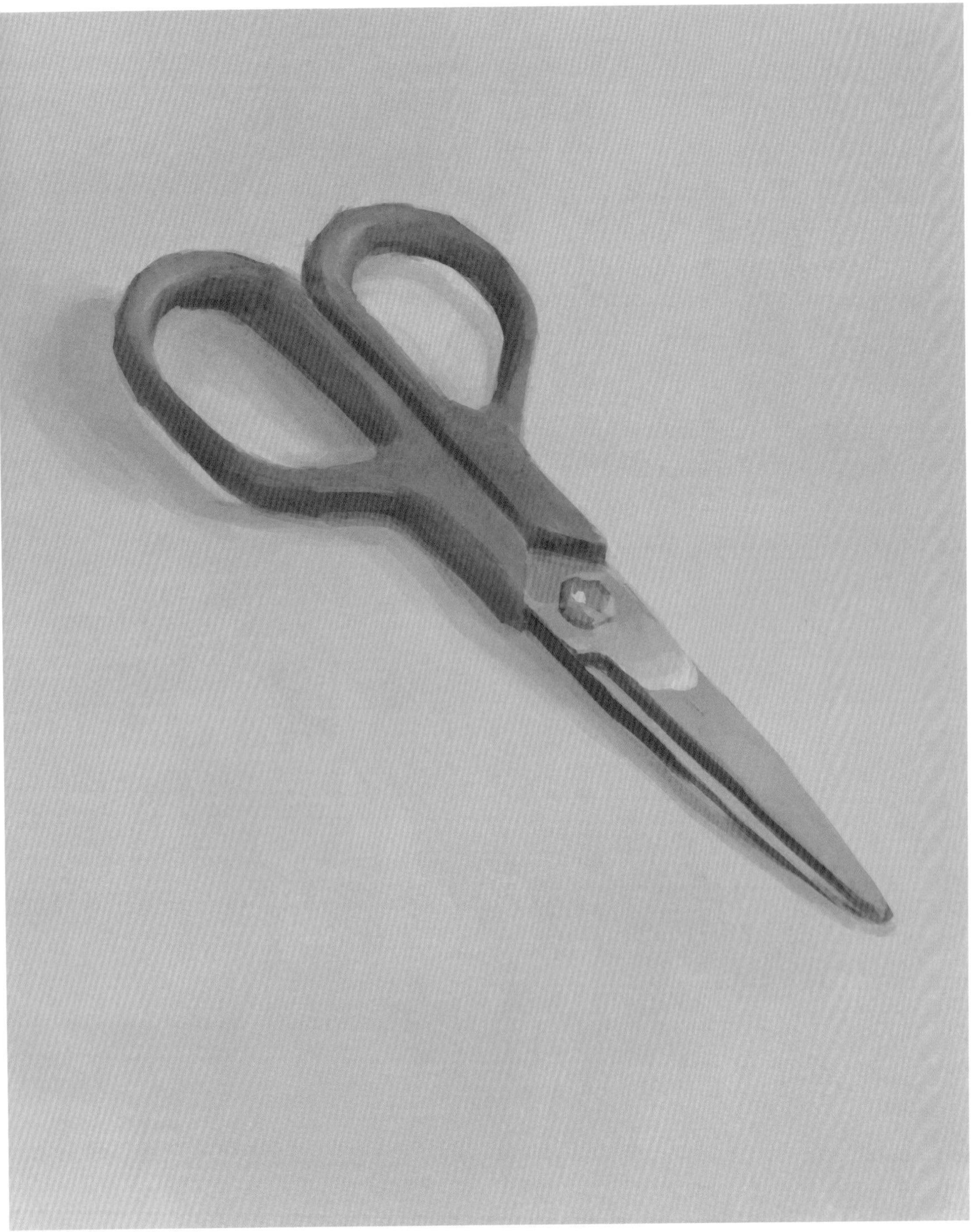

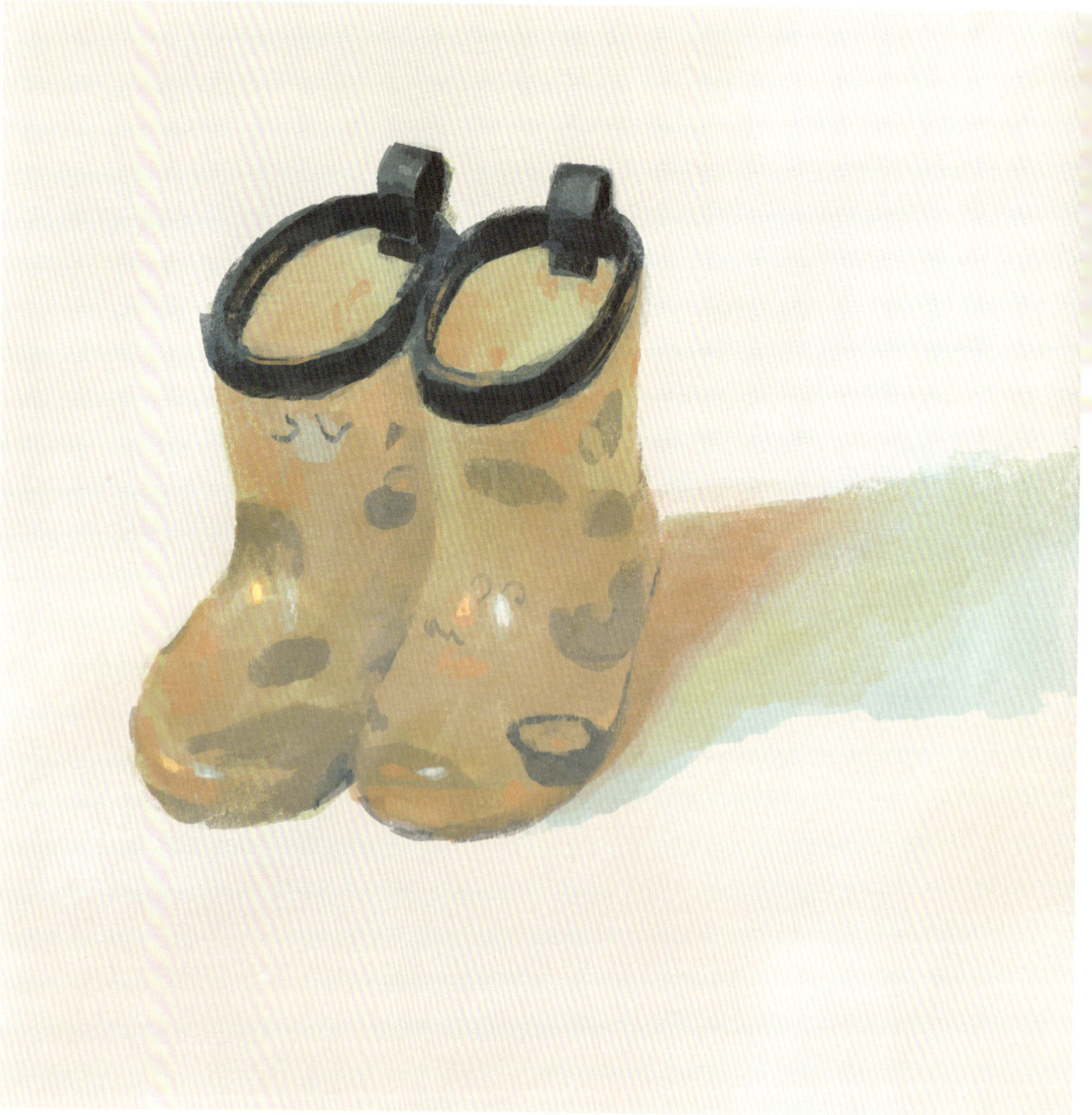

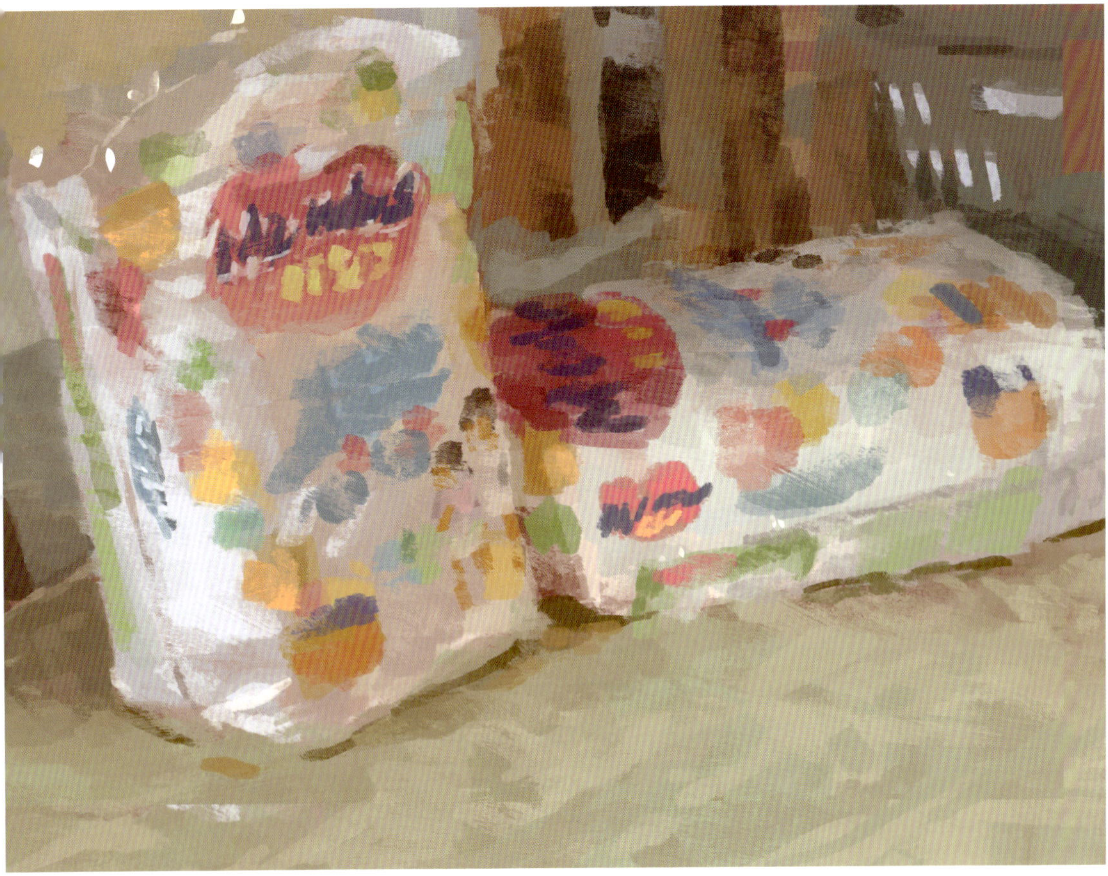

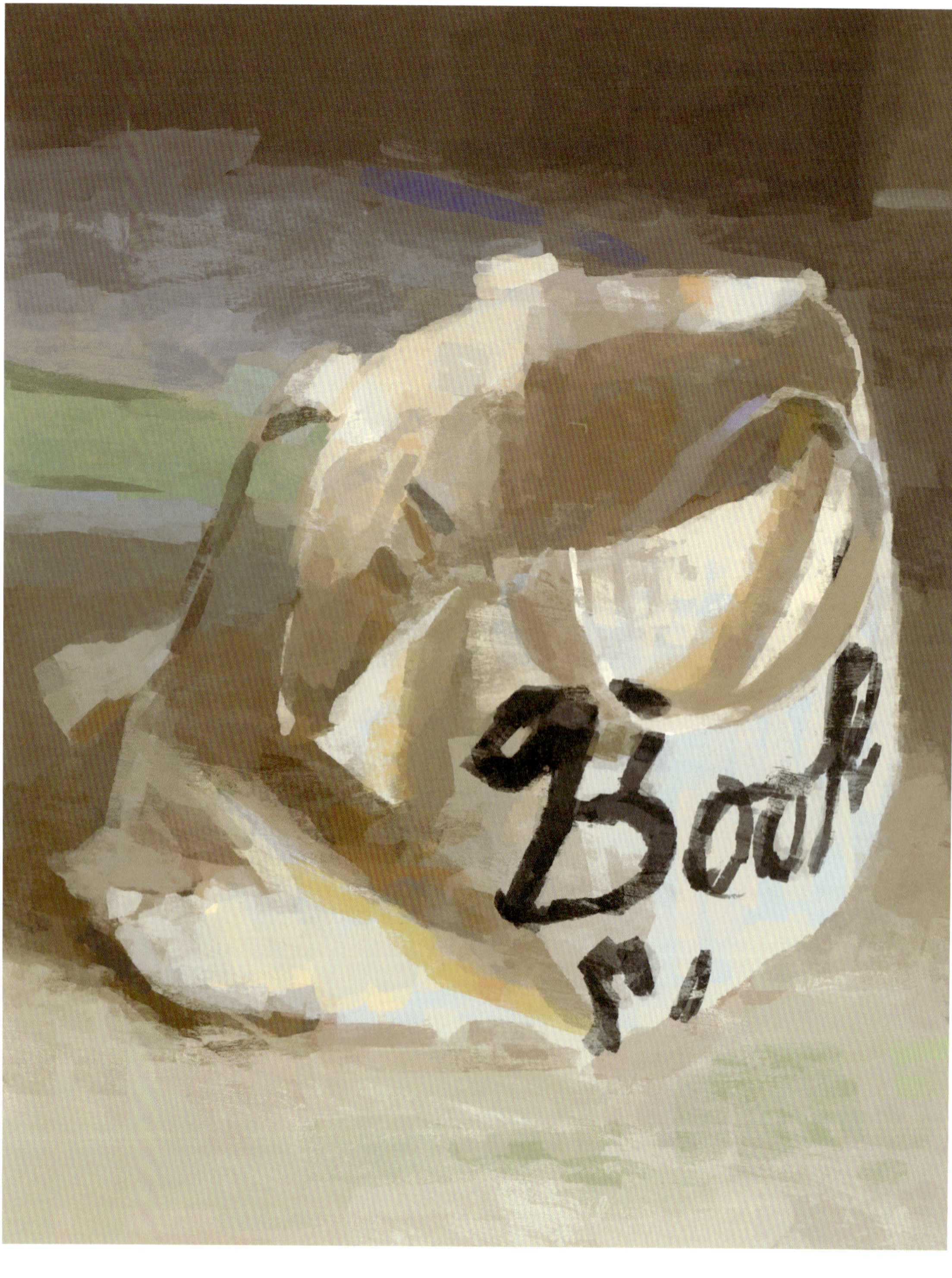
Book

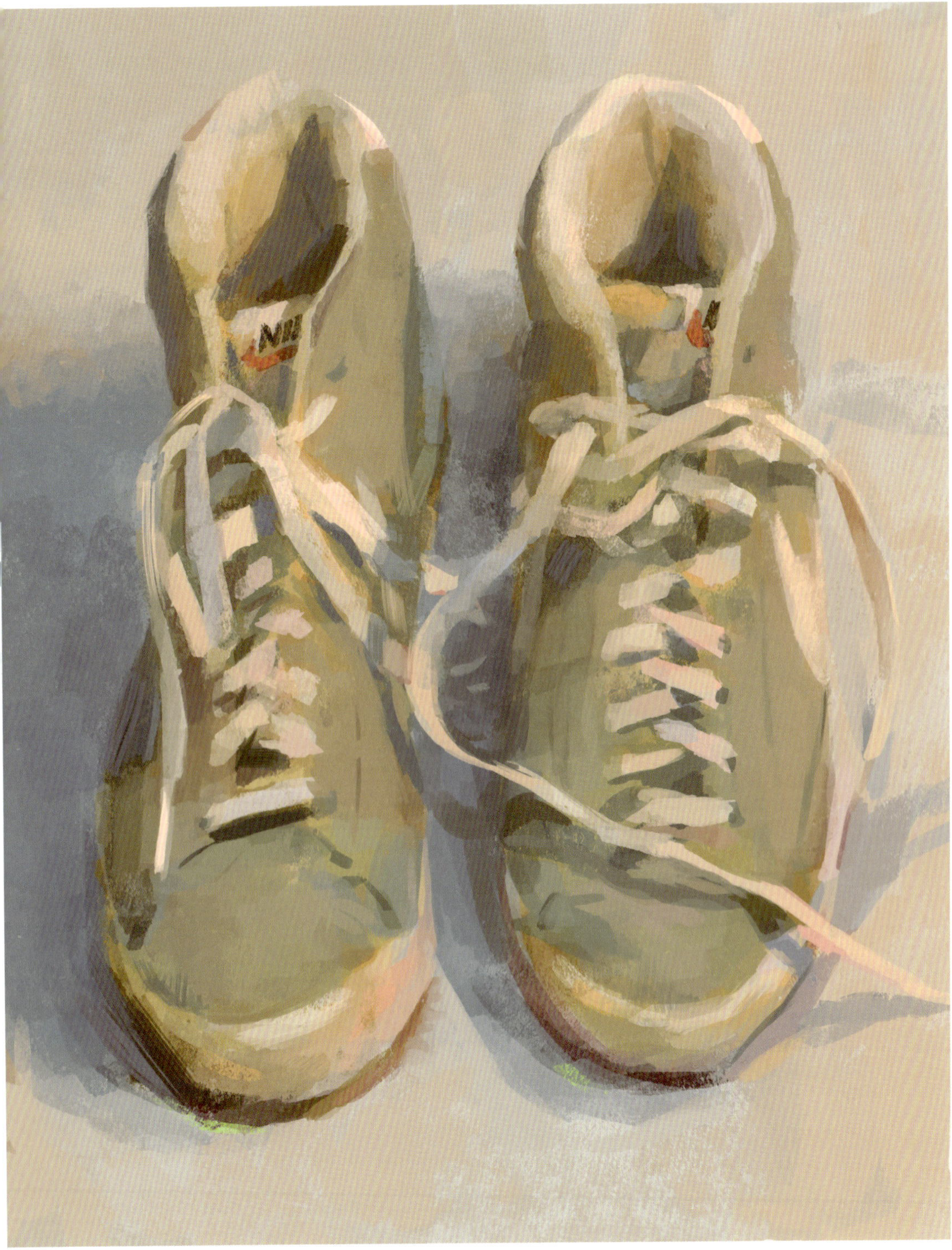

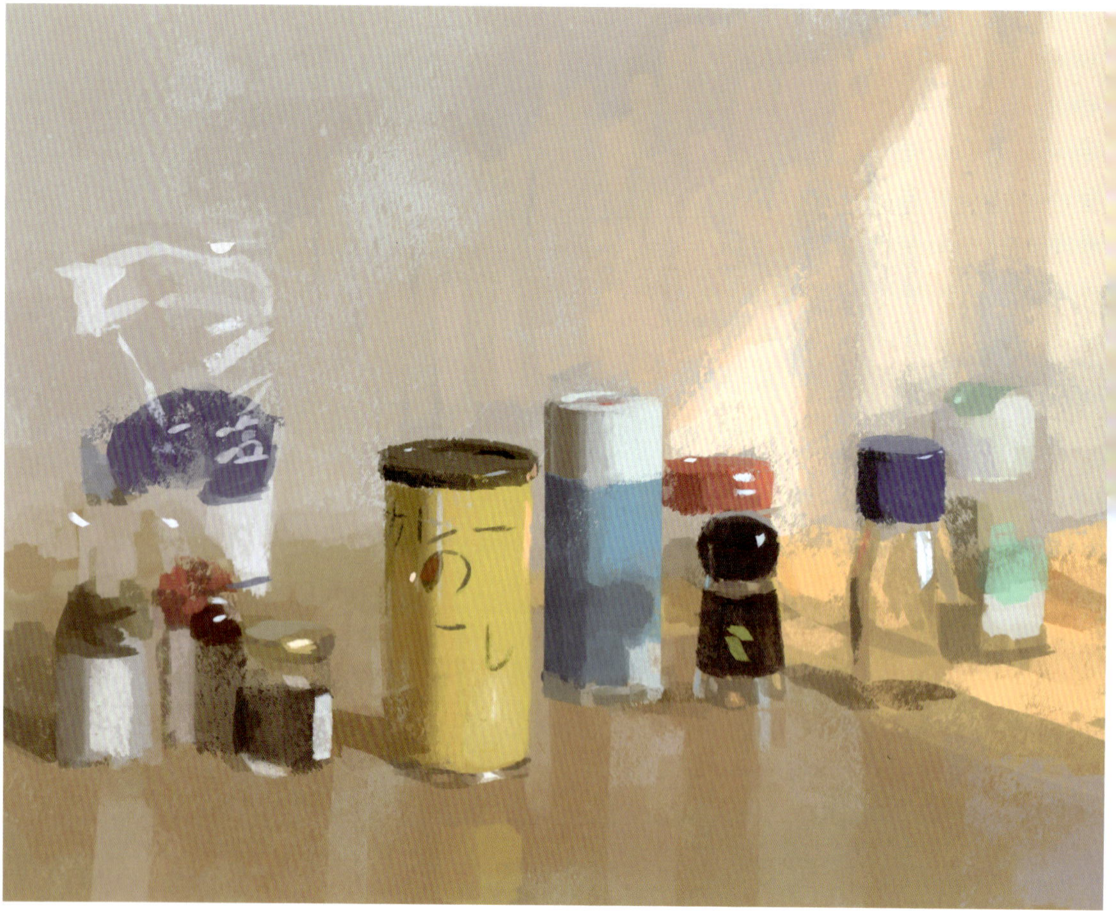

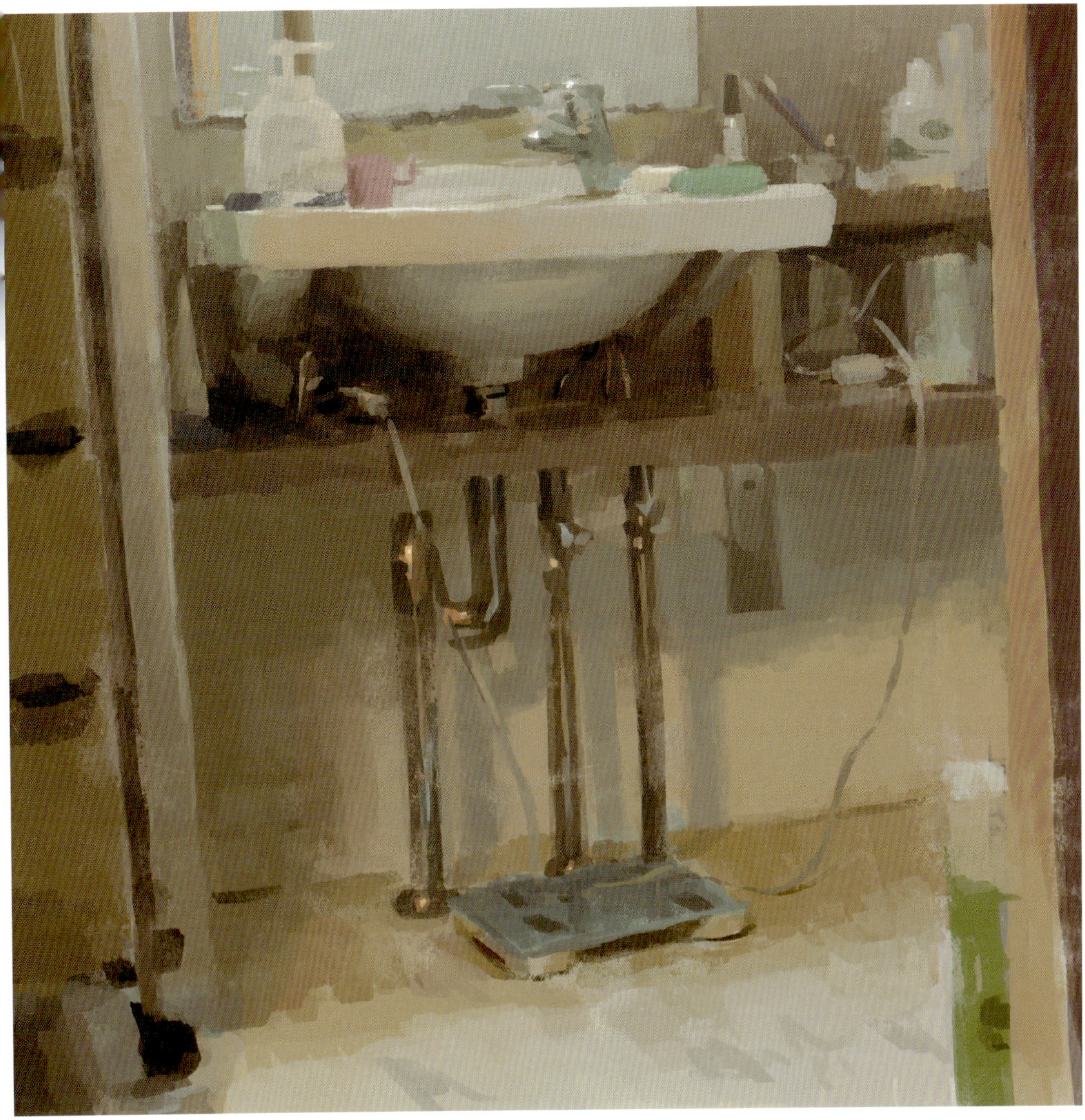

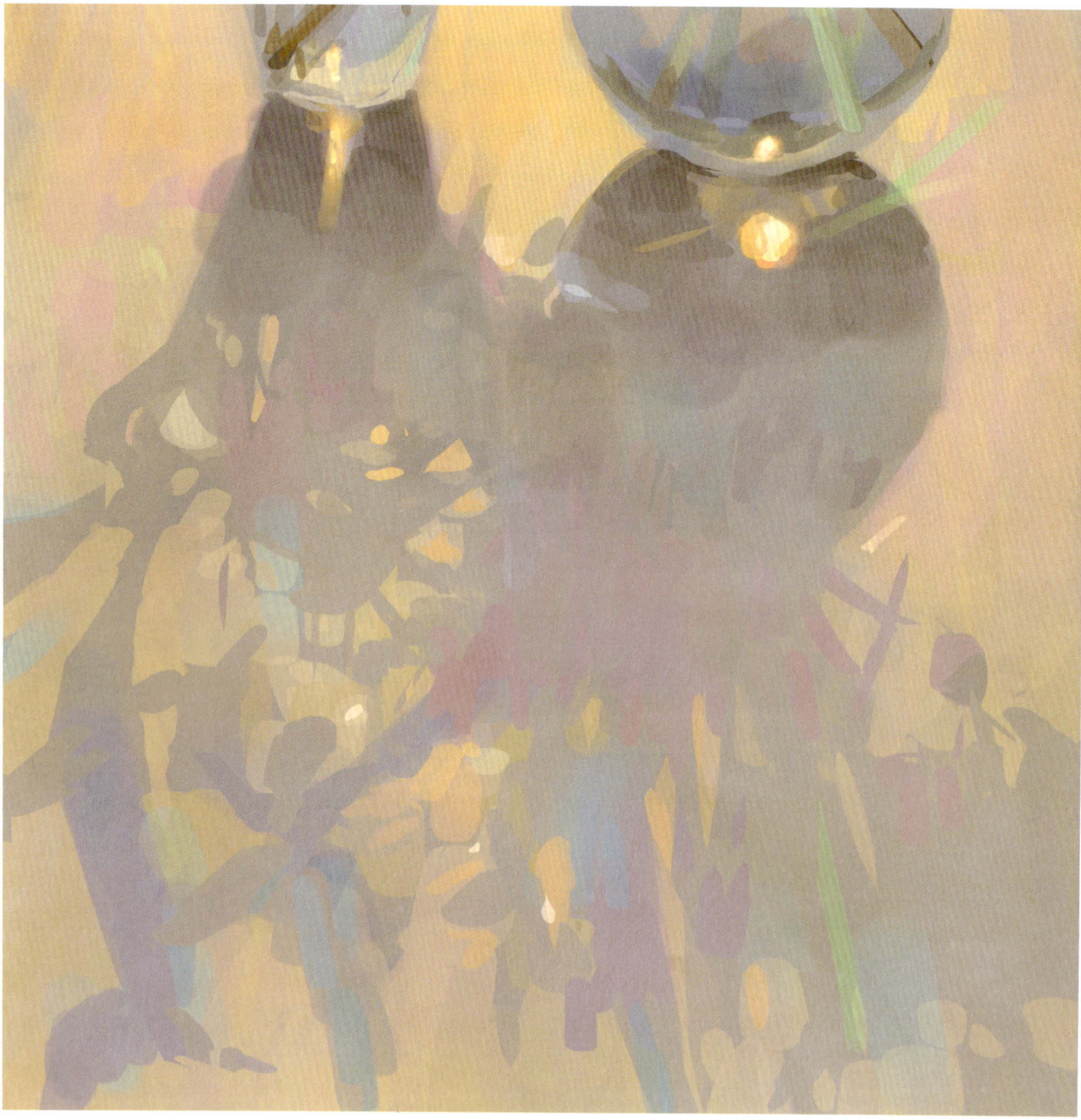

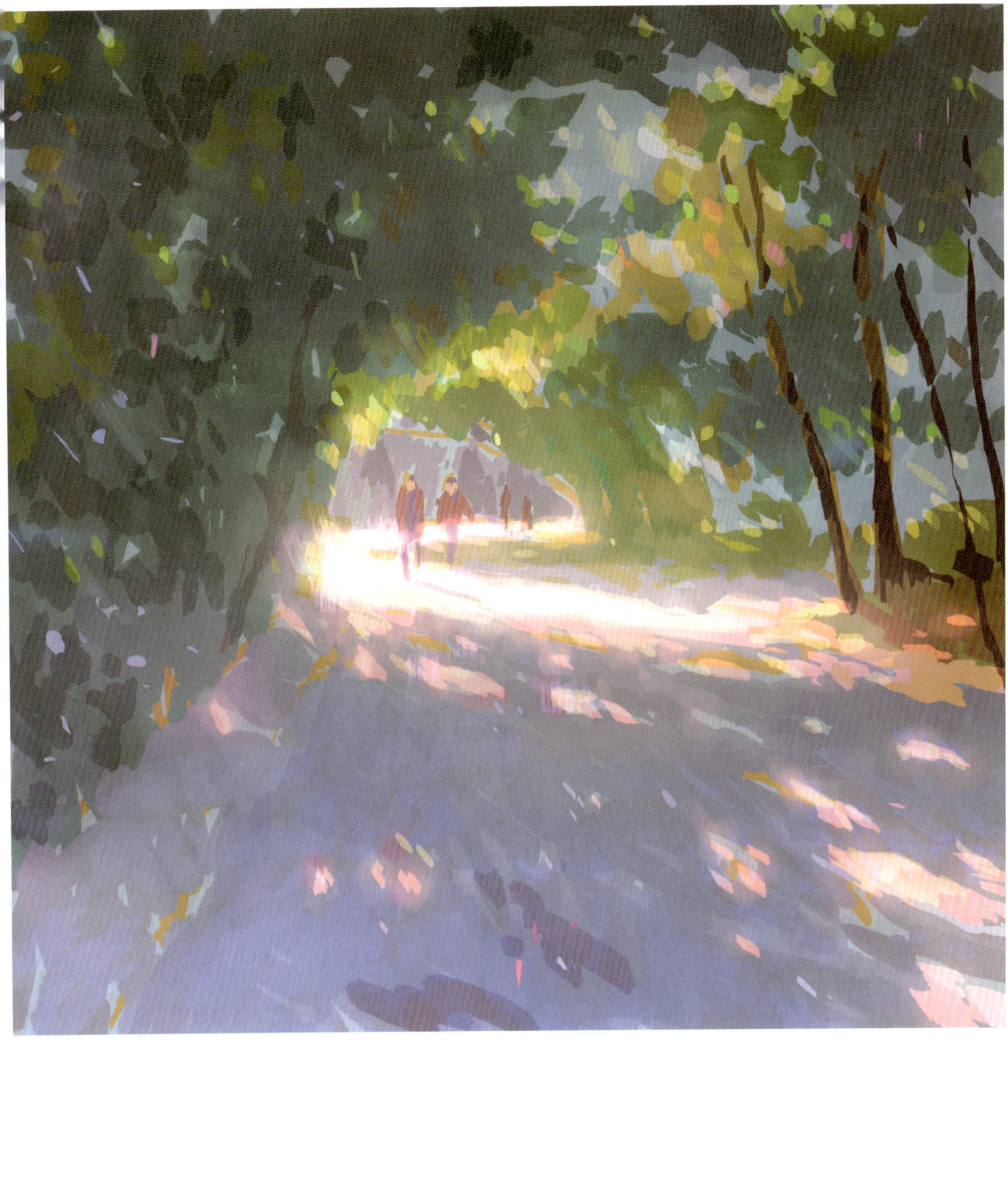

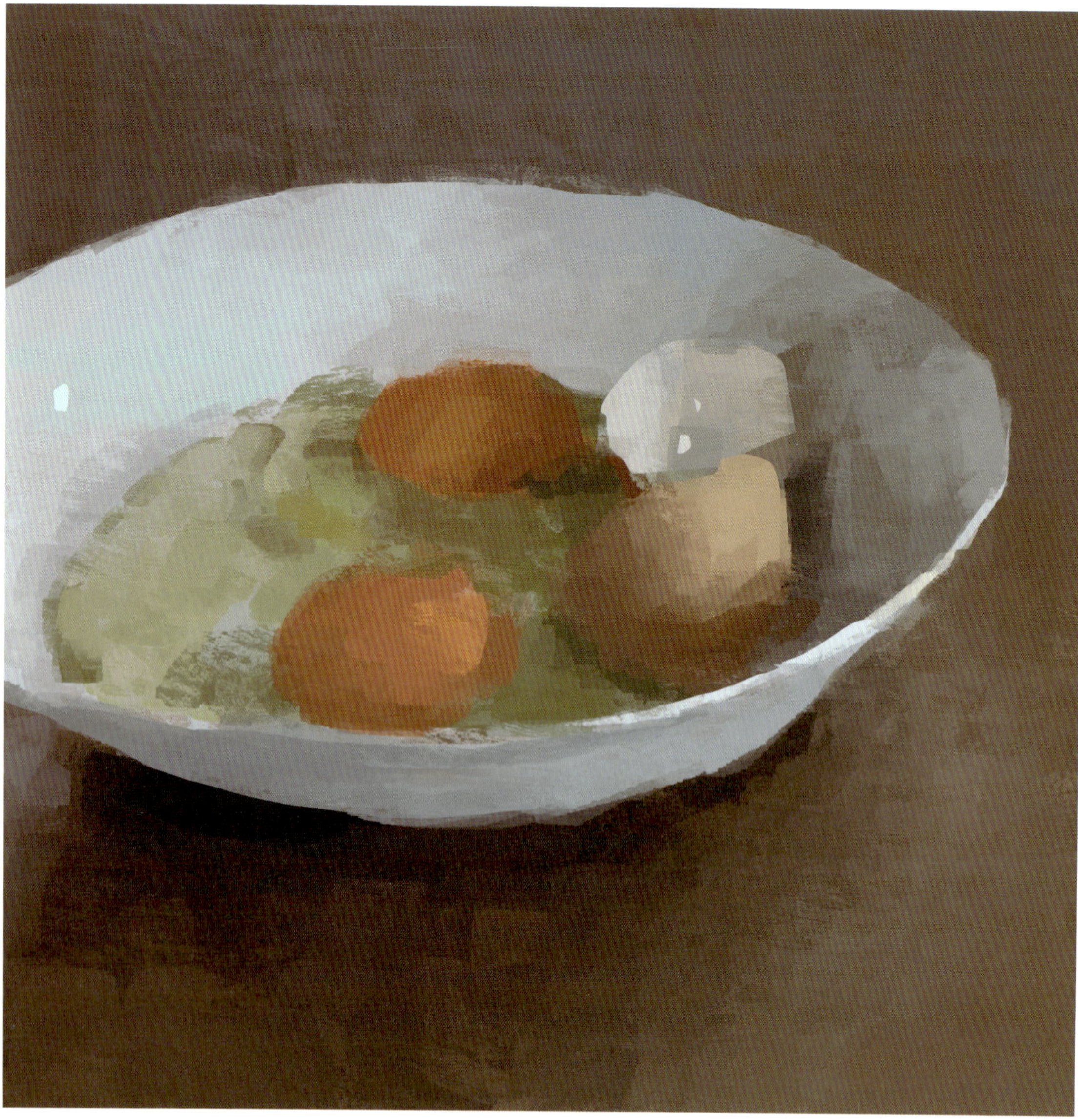